Sitzungsberichte
der Heidelberger Akademie der Wissenschaften

Mathematisch-naturwissenschaftliche Klasse

Jahrgang 1959, 1. Abhandlung

Stylites E. Amstutz, eine neue Isoëtacee aus den Hochanden Perus

Von

Werner Rauh und Heinz Falk

Botanisches Institut der Universität Heidelberg

Mit 38 Textabbildungen

(Vorgelegt in der Sitzung vom 15. November 1958)

Springer-Verlag Berlin Heidelberg GmbH 1959

ISBN 978-3-540-02467-5   ISBN 978-3-642-88321-7 (eBook)
DOI 10.1007/978-3-642-88321-7

Stylites E. Amstutz, eine neue Isoëtacee aus den Hochanden Perus

1. Teil: Morphologie, Anatomie und Entwicklungsgeschichte
der Vegetationsorgane

von

Werner Rauh und Heinz Falk

Botanisches Institut der Universität Heidelberg

Mit 38 Textabbildungen

Inhaltsverzeichnis

Einleitung

Nach Auffassung von D. MEYER liegt in *Stylites* „einer der interessantesten Pteridophytenfunde, vielleicht Pflanzen-Neufunde der letzten Zeit überhaupt vor,: Ein Brachsenkraut mit einem Stamm, der mehr als 15 cm lang wird. Eine so neue Erscheinung, daß sich unter den rezenten Pflanzen nichts Vergleichbares findet" (MEYER, 1958, S. 32). Die Entdeckung von *Stylites* ist um so bemerkenswerter, als es sich bei dieser wohl um den letzten lebenden Vertreter der stammbildenden Lycopsiden früherer erdgeschichtlicher Perioden handeln dürfte, und die vielleicht als das stammesgeschichtliche Bindeglied zwischen den fossilen Gattungen *Pleuromeia-Nathorstiana* einerseits und der rezenten *Isoëtes* andererseits aufzufassen ist.

Stylites ist von so großer morphologischer und systematischer Bedeutung, daß, obwohl bereits zwei kurze Publikationen erschienen sind (AMSTUTZ, 1957 u. MEYER, 1958), eine ausführliche Darstellung geboten ist, dies um so mehr, als die beiden oben zitierten Arbeiten in vieler Hinsicht der Ergänzung bedürfen. Die Arbeit von AMSTUTZ enthält allein die Diagnose dieser neuen Pflanze[1] nebst einigen Standortsangaben, während MEYER eine knappe Darstellung der morphologischen Verhältnisse gibt und eine systematische Gruppierung der Pflanze versucht.

Die an *Stylites* durchgeführten Untersuchungen werden in zwei getrennten Arbeiten zusammengefaßt. Die erste, vorliegende Studie hat die Morphologie und Anatomie der Vegetationsorgane (mit Ausnahme der Sproßachse), sowie die systematische Stellung der Pflanze zum Inhalt, während die Anatomie des Stammes und die bei dessen Bildung sich abspielenden Wachstums- und Verdickungsprozesse in den 2. Teil verwiesen werden, denn hierzu sind vergleichende Untersuchungen über das Dickenwachstum von *Isoëtes* notwendig, über welches in der Literatur noch immer sich widersprechende Angaben vorliegen. Diese werden im Augenblick von Dr. K. SENGHAS durchgeführt und stehen kurz vor dem Abschluß.

Das Material zu der vorliegenden Arbeit wurde auf den beiden im Jahre 1954 und 1956 durchgeführten Studienreisen des erstgenannten Verf. nach Peru gesammelt. Es ist ihm eine angenehme Pflicht, der Deutschen Forschungsgemeinschaft und der Heidelberger Akademie der Wissenschaften seinen ergebensten Dank für die gewährte Unterstützung und die Zurverfügungstellung eines Forschungsmikroskopes abzustatten. Dank gebührt auch Herrn HANS VON APPEN, Lima, Peru, der mit seinen Mitarbeitern keine Mühen und Strapazen gescheut hat, mehrere Fahrten zum abgelegenen Standort der Pflanze zu unternehmen, um uns per Flugzeug und Schiff ein so reiches lebendes Material zu übersenden, daß alle während der Untersuchung auftauchenden Fragen weitgehend geklärt werden konnten. Ebenso sind wir den Herren A. FREY, Casapalca (Rimac-Tal), Peru, für die Überlassung eines geeigneten Fahrzeuges zur Durchführung der Sammelreisen, Studienrat Dr. R. SCHINDLER, Heidelberg, für die Hilfe bei der Ausführung der Zeichnungen, Dr. G. BUCHLOH, Bonn, für die Überarbeitung der lateinischen Diagnosen und Prof. H. MERXMÜLLER, München, für die Beschaffung schwer zugänglicher Literatur Dank schuldig.

---

[1] Auch diese kann keinen Anspruch auf Vollständigkeit erheben.

1. Zur Entdeckungsgeschichte und Nomenklatur von *Stylites*
(von W. Rauh)

Auf meiner ersten Perureise (1954) stellte ich auf der Puna-hochfläche zwischen Oroya und Tarma (Zentralperu; s. Abb. 1) etwas westlich des Passes, über den die Straße hinunter nach der kleinen Stadt Tarma führt, inmitten der kakteenreichen[1] *Festuca-Stipa*-Puna in 3800 m Höhe kleine dolinenartige Einsenkungen von ein bis mehreren Metern Durchmesser fest, die zur Regenzeit (November bis Ende April) zeitweilig Wasser führen dürften, worauf eine interessante Sumpfflora wie *Alchemilla diplophylla*, *Hypsela reniformis* (*Campanulac.*), *Sisyrinchium pusillum*, *Plantago tubulosa*, *P. rigida*, *Azorella multifida*, *A. glabra* u. a. hindeuten. Am Rande dieser kleineren Einsenkungen konnte ich eine Pflanze sammeln, die ihres polsterbildenden Wuchses zufolge zunächst für eine *Plantago*- bzw. *Azorella*-Art gehalten wurde[2]; auffallend war nur, daß diese im Gegensatz zu jenen niemals Blüten zeigte. Erst bei einem zweiten Besuch in Oroya im gleichen Jahre konnte nach dem Auffinden fertiler Exemplare die Zugehörigkeit bzw. Verwandtschaft zu *Isoëtes* geklärt werden. Dennoch wurde dem Fund zunächst keine allzu große Bedeutung beigemessen, in der Annahme, daß die Pflanze von A. Weberbauer, dem besten Kenner der peruanischen Vegetation, der gerade die Umgebung von Oroya und Tarma recht gründlich durchforscht hatte, längst gesammelt und beschrieben worden war. Die Vermutung stellte sich jedoch beim späteren Literaturstudium als unzutreffend heraus.

Durch die Vermittlung von Erika Amstutz, der Gattin eines damals in Oroya tätigen Geologen, die bei mir 1955 in Heidelberg eine Arbeit über die Soziologie der peruanischen Moore begonnen hatte, bemühte ich mich vergeblich, weiteres Material dieser anscheinend unbekannten Isoëtacee zu erhalten. Dies gelang mir erst auf meiner zweiten Perureise (1956), als mich Frau Amstutz, die zur Vervollständigung ihrer Studien inzwischen nach Peru zurückgekehrt war, zu der 4750 m hoch gelegenen Lagune Caprichosa begleitete, die am Ende eines engen Seitentales gelegen ist, das bei dem kleinen Ort Casapalca vom Rimac-Tal nach Südwesten abzweigt (Abb. 1).

---

[1] An Kakteen finden sich *Oroya neoperuviana* und *Tephrocactus floccosus*.

[2] In der Tat sehen sich *Stylites* und *Plantago* bzw. *Azorella glabra* bei flüchtiger Betrachtung im vegetativen Zustand recht ähnlich; auch mit *Distichia* kann die Pflanze leicht verwechselt werden (s. S. 6).

Am Rande der Lagune, die recht übersichtliche Stadien der
Verlandung durch *Calamagrostis chrysantha* und *Distichia muscoides*
zeigt (s. S. 13 ff.), konnte ich zwischen den Polstern der letzteren
weitaus größere Bestände als im Jahre 1954 bei Oroya der noch
immer unbekannten *Isoëtaceae* entdecken, die E. Amstutz trotz
mehrmaliger Besuche der Lagune bisher nicht festgestellt hatte.
Dies ist verständlich, denn die Pflanze ist am natürlichen Standort
bei oberflächlicher Beobachtung nicht leicht von *Distichia* zu unterscheiden (s. auch Anmerkung 2, S. 5), mit der sie im Wuchs völlig

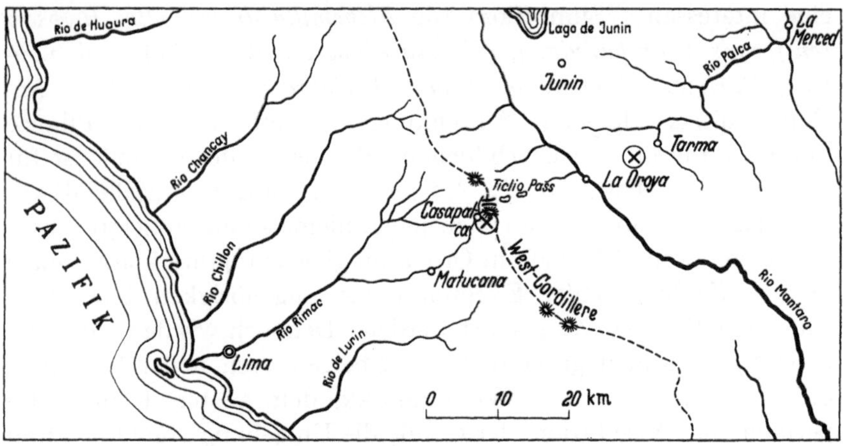

Abb. 1. Verbreitungskarte der Gattung *Stylites*. ⊗ die bisher bekannten Fundorte

übereinstimmt. Von dem gemeinsam mit E. Amstutz gesammelten
Material übergab ich nach meiner Rückkehr aus Peru einige
Exemplare Herrn Dr. D. Meyer, Berlin-Dahlem, zur systematischen Bearbeitung. Er erkannte sofort, daß es sich um eine recht
merkwürdige, neue *Isoëtaceae* handelte, die ihrer auffälligen Stamm-
bildung zufolge nicht bei *Isoëtes* einzuordnen war. Meyer schlug
deshalb, unter Betonung des bezeichnendsten Unterschiedes zu
Isoëtes, nämlich des langen „Rhizoms", die Aufstellung der neuen
Gattung *Rhizoëtes* vor. Das Manuskript zu dieser Arbeit war abgeschlossen und lag mir zur Einsichtnahme vor, als zu meiner großen
Überraschung und ohne mein Wissen von E. Amstutz eine kurze
Publikation (1957) erschien, in welcher die Pflanze unter dem
Namen *Stylites andicola* Amstutz gen. et spec. nov. beschrieben
wurde. Amstutz hielt es nicht für notwendig, auf unsere gemein-
same Sammeltätigkeit hinzuweisen, obwohl ihr bekannt war, daß
ich die Pflanze schon 1954 oberhalb Tarma entdeckt hatte. Damit

war der von MEYER vorgesehene Name *Rhizoëtes* hinfällig geworden. Zur Publikation von AMSTUTZ ist zu bemerken, daß eine gesonderte Gattungsdiagnose nicht gegeben und die Artdiagnose jener gleichgesetzt wird. Nach Art. 50 des Internationalen Code der Botanischen Nomenklatur (Ausgabe 1954) ist dies bei monotypischen Gattungen möglich und damit die Veröffentlichung des Namens als gültig anzusehen, wenn auch die Endung *-ites* normalerweise fossilen Pflanzen vorbehalten ist. Obwohl *Stylites* zur Zeit ihrer Bearbeitung durch AMSTUTZ auch monotypisch war, lag und liegt es durchaus im Bereich der Möglichkeit, daß bei intensiver Durchforschung des Gebietes noch weitere Arten gefunden werden. So überbrachte mir HANS V. APPEN im Frühjahr 1958 *Stylites*-Material, das, obwohl gleichfalls bei der Lagune Caprichosa gesammelt, in mehreren grundlegenden Merkmalen vom Typus abweicht, so daß diese Pflanzen kaum als Varietät desselben zu betrachten sind, sondern einer eigenen Art angehören. Da eine Zuordnung zu *Stylites* auf Grund der von AMSTUTZ gegebenen Diagnose nicht möglich ist, muß zunächst eine eigene Gattungsdiagnose gebracht werden (s. S. 8), wie auch jene von *St. andicola* in vielen Punkten der Verbesserung und Vervollständigung bedarf.

Wenig glücklich gewählt erscheint uns überhaupt der Artname *andicola*. Man stellt sich hierunter eine Pflanze vor, die auf weite Strecken der Andenkette hin verbreitet ist. Nun nimmt aber *Stylites* ein sehr kleines, auf die hochandine Region des Departementes Lima beschränktes Areal ein und ist bisher allein von zwei, durch den Kamm der Westcordillere getrennten Standorten bekannt (Abb. 1 ⊗). Wenn auch die berechtigte Annahme besteht, daß die Pflanze noch in den zwischen beiden Fundorten gelegenen Sumpfgebieten des Yauli-Tales festgestellt wird, so dürfte allein schon auf Grund der Tatsache, daß auch die meisten südamerikanischen *Isoëtes*-Arten nur sehr eng umschriebene Bezirke bewohnen, ihr heute bekanntes Areal durch künftige Funde nicht wesentlich erweitert werden. Dafür spricht, daß unsere recht eingehenden floristischen Durchforschungen der Moore und Sümpfe des südlichen Peru, sowie der nördlich Lima gelegenen Cordillerenzüge (Cord. Raura, Cord. Huayhuash, Cord. Blanca, Cord. Negra) mit ihren zahlreichen verlandenden Gletscherlagunen keine weiteren Funde erbrachten[1], während die meisten der vorherrschenden Moorpflanzen (*Distichia*

---

[1] Wir konnten lediglich einen neuen Standort von *Isoëtes lechleri* Mett. in der Cord. Raura in einer Gletscherlagune am Fuße des Yerupajá entdecken.

*muscoides, Plantago rigida, Alchemilla diplophylla, Crantzia lineata,
Werneria-* und *Gentiana*-Arten) gerade in Peru eine sehr weite Verbreitung haben.

Gattungs- und Artdiagnose

Stylites E. Amstutz emend. W. Rauh

Plantae amphibiae pulvinos maiores perennes laxos vel densos
efformantes; caudex non tuberiformiter incrassatus, sed modo
rhizomatis elongatus, haud inferne fissuris dehiscens, itaque non
in lobos discedens, a basi paulatim emoriens, apice perpetuo
vegetans, simplex vel semel vel repetito-dichotome furcatus, cica-
tricibus foliorum emortuorum dense obtectus; radices numerosae
plerumque e sulco longitudinali uno, rarius e sulcis duobus vel
tribus longitudinalibus orientes, simplices, raro dichotome ramosae,
fistulosae, fasciculo vasorum unico excentrico, acropetali ordine
orientes; folia numerosissima rosulato-fasciculatim inserta, arrecta,
ephemera, postea turfescentia, caudicem diu involventia priusquam
dejiciuntur; lamina anguste lanceolata, infra apicem subulatum
reclinatumque solum corpora chlorophyllosa continentem late
membranaceo-alata, fasciculo unico vasorum centrali et lacunis 4
dissepimentis transversis interceptis percursa; ligula ca. 1,5 cm supra
insertionem foliorum inserta, cordato-triangulata, margine denti-
culato, ca. 4 mm longa, 2 mm lata; sporophylla a trophophyllis
parum differentia, in macrosporophylla et microsporophylla sepa-
rata; sporangia 1 cm supra insertionem foliorum instructa trabeculis
transversis percursa, maturitate indehiscentia, foveis planiusculis
immersa, sed velis non obtecta; macrosporae immaturae flavescenti-
albae, maturae atrobrunneae, globoso-tetraëdrae costis prominentibus torulatis, exosporio levi; microsporae maturae atrobrunneae
leves ellipsoïdeae; macrosporae et microsporae saepe in plantas
diversas distributae; microprothallia et spermatozoïdes ignota;
macroprothallium pallidum, sporae membrana disrupta non ex-
cedente, rotundulum vel obconicum, usque ad 3 mm in ⌀, aut
fasciatim radicatum aut arrhizum, archegoniis compluribus vel
archegonio solum uno, cellulis 4 colli.

Ausdauernde, größere, lockere oder kompakte polsterbildende Sumpfpflanzen; Stamm der Einzelpflanzen nicht knollig verdickt, sondern rhizom-
artig verlängert, von der Basis her absterbend, an der Spitze weiterwachsend,
einfach oder ein- bis mehrfach dichotom verzweigt, von den Narben der
abgestorbenen Blätter bedeckt; Wurzeln zahlreich, einer, seltener zwei oder
drei Längsfurchen des Stammes entspringend, unverzweigt, selten gabelig
verzweigt, hohl, mit exzentrischem Leitbündel, in akropetaler Folge ent-

stehend; Blätter sehr zahlreich, rosettig, aufgerichtet, kurzlebig, später vertorfend, aber noch länger den Stamm umhüllend; Spreite schmal-lanzettlich, unterhalb der pfriemlichen, allein Chloroplasten führenden und zurückgebogenen Spitze breit-häutig geflügelt, von einem zentralen Leitbündel und vier, von Diaphragmen unterbrochenen Luftkanälen durchzogen; Ligula ca. 1,5 cm oberhalb der Blattinsertion, herzförmig-dreieckig, mit leicht gezähntem Rand, ca. 4 mm lang und 2 mm breit; Sporophylle nur wenig von den Trophophyllen unterschieden, in Makro- und Mikrosporophylle getrennt; Sporangien wenigstens 1 cm oberhalb der Blattinsertion, von Trabeculis durchzogen, bei der Reife nicht aufspringend, in eine flache Grube versenkt, aber nicht von einem Velum bedeckt; Makrosporen unreif gelblichweiß, reif dunkelbraun, kugeltetraëdrisch mit hervortretenden Kantenleisten und glattem Exospor; Mikrosporen reif dunkelbraun, glatt, ellipsoidisch; Makro- und Mikrosporen häufig auf verschiedene Pflanzen verteilt; Mikroprothallien und Spermatozoiden unbekannt; Makroprothallium bleich, die aufgeplatzte Sporenmembran nicht verlassend, rundlich bis verkehrtkegelförmig, bis 3 mm im ⌀, mit oder ohne Rhizoidbüschel; Archägonien 1 bis zahlreich, mit 4 Halszellen.

Stylites andicola E. Amstutz emend. W. Rauh

Laxos vel densos pulvinos efformans; caudex usque ad 20 cm longus, infra rosulam foliorum usque ad 3 cm crassus, plerumque simplex, raro dichotome ramosus, cortice suberoso laete fusco vel brunneo involutus, qui cicatrices foliorum emortuorum exhibit; radices numerosae e sulco uno rarius e sulcis duobus longitudinalibus orientes, simplices, usque 20 cm longae, ca. 3 mm in ⌀, laete fuscae vel brunneae, teretes vel deplanatae, fistulosae, fasciculo unico vasorum excentrico; folia 5—7,5 cm longa cum alis membranaceis 1—1,3 cm lata; sporophylla a trophophyllis alis latioribus differentia, praecipue in latere rosulae a radicibus verso inserta, saepe in plantas diversas distributa; sporangia 1—1,5 cm supra basim foliorum foveae planiusculae immersa, 0,5—1 cm longa, usque ad 5 mm lata; macrosporae usque ad 40 in sporangio unoquoque, 0,5 mm in ⌀, exosporio levi costis torulatis prominentibus, microsporae numerosissimae rotundulae vel ellipsoïdeae, 0,01 — 0,02 mm in ⌀, microprothallia ignota, macroprothallia 1—3 mm magna, arrhiza, archegoniis compluribus vel archegonio solum uno.

Hab.: Peruvia centralis, Dept. Lima, Prov. Huarochira supra Casapalca prope lagunam Caprichosa, 4750 m.
(E. Amstutz, Nr. 2000, 1956; Rauh, Nr. P 186, 1956);
supra Tarma, 3800 m (Rauh, Nr. 271 b, Febr. 1954).

Pflanze lockere bis dichte Polster bildend; Stamm der Einzelpflanzen bis 20 cm lang und unterhalb der Rosette bis 3 cm dick, von einer hell- bis dunkelbraunen Korkschicht umhüllt, welche deutlich das Muster der abgefallenen Blätter erkennen läßt, meist einfach und unverzweigt, selten mit

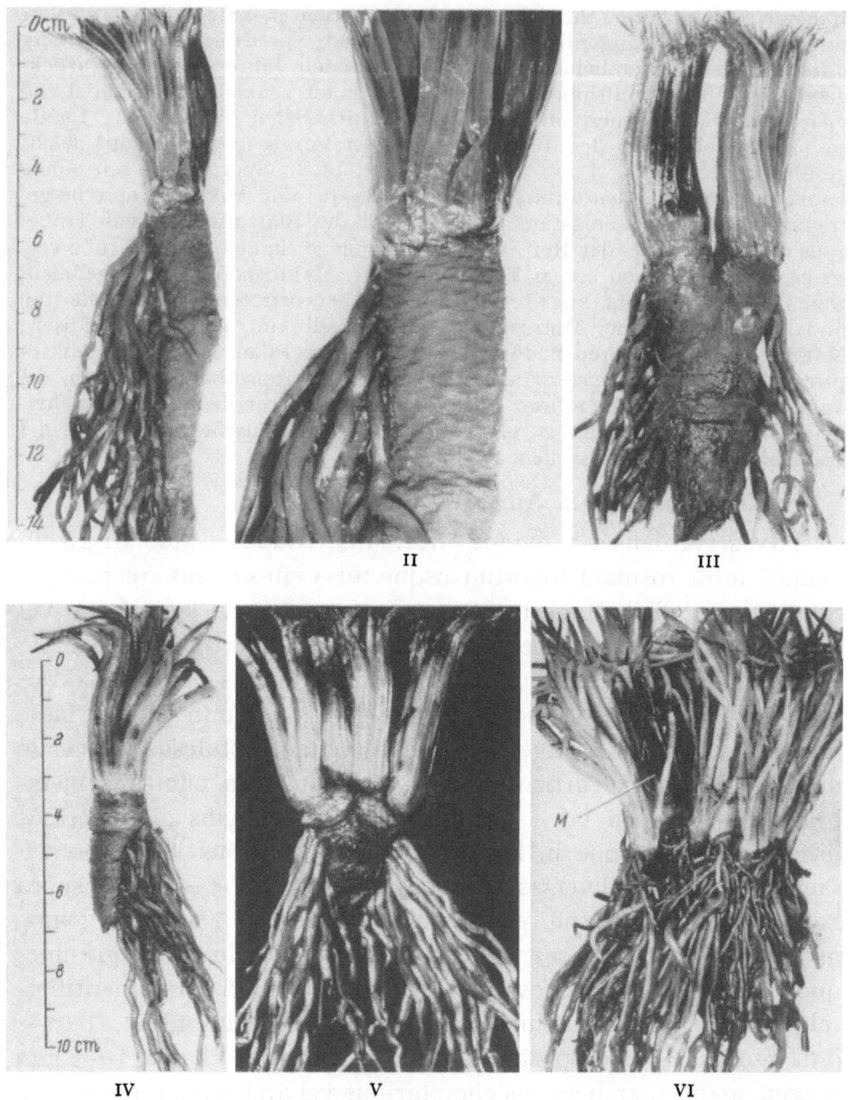

Abb. 2. I—III *Stylites andicola*. I ältere Pflanze (von der Stammbasis fehlen auf dem Photo noch etwa 6 cm); II oberer Abschnitt der in I wiedergegebenen Pflanze stärker vergrößert; III dichotom verzweigtes Exemplar; IV—VI *St. gemmifera*. IV ältere unverzweigte, V zweifach dichotom verzweigte Pflanze; VI altes Exemplar mit Brutsprossen, welche kreisförmig die Mutterrosette *M* umgeben. (Bei allen Exemplaren sind die alten, vertorften Blätter entfernt, um den Stamm deutlicher in Erscheinung treten zu lassen)

einer dichotomen Gabelung (Abb. 2, I—III); Wurzeln zahlreich, einer, seltener zwei Längsfurchen der Achse entspringend, unverzweigt, bis 20 cm lang, von hell- bis dunkelbrauner Farbe, rund bis flach gedrückt, hohl, mit exzentrisch gelagertem Bündel, ca. 3 mm im ⌀; Blätter 5—7,5 cm lang, glatt[1], mit Flügeln 1—1,3 cm breit; Sporophylle durch die breiteren Flügel von den Trophophyllen unterschieden (Abb. 3, I a—b), bevorzugt auf der der Wurzelzeile abgewandten Seite der Rosette entstehend und häufig diöcisch verteilt; Sporangien 1—1,5 cm oberhalb der Blattinsertion, in eine flache Grube versenkt, 0,5—1 cm lang, bis 5 mm breit; Makrosporen bis zu 40 in einem Sporangium, 0,5 mm im $\varnothing$, mit hervortretenden Wülsten und glatter Exine; Mikrosporen sehr zahlreich, von rundlicher bis ellipsoidischer Gestalt, 0,01—0,02 mm im $\varnothing$; Mikroprothallien unbekannt; Makroprothallien 1—3 mm groß, ohne Rhizoidbüschel, mit 1 bis mehreren Archägonien.

Stylites gemmifera W. Rauh nov. spec.

Pulvini densissimi; caudex usque 8 cm longus, apicem versus valde incrassatus, infra rosulam foliorum usque ad 2 cm in $\varnothing$, saepe repetito-dichotome ramosus; radices numerosae usque 15 cm longae plerumque simplices raro furcatae, in serie longitudinali una vel in seriebus duabus rarius tribus e sulcis caudicis orientes; folia rosulato-fasciculatim inserta, breviora et angustiora quam in *St. andicola*, usque ad 5 cm longa, cum alis tantum 0,7—1 cm lata; sporophylla a trophophyllis parum differentia, in plantis senioribus saepe absentia; sporangia 0,5—1 cm supra insertionem foliorum instructa; macrosporae 0,5 mm in $\varnothing$, maturae atrobrunneae costis torulatis prominentibus, exosporio levi; microsporae atrobrunneae ellipsoïdeae, 0,01—0,04 mm in $\varnothing$, microprothallia ignota, macroprothallia 2—3 mm magna, quorum pars ex spora prominens fasciculum radicum pallidarum gerens, archegoniis compluribus vel archegonio solum uno. Propagatio vel sporis vel propagulis quae in axillis foliorum rosulatorum pro sporangiis oriuntur, itaque in pulvinis plantae iuniores numerosae una cum senioribus.

Hab.: Peruvia centralis, Dept. Lima, Prov. Huarochira, supra Casapalca prope lagunam Caprichosa, 4750 m:

leg. H. von Appen, April 1958.

Holotypus: Botanisches Institut, Heidelberg.

Polster sehr kompakt; Stamm der Einzelpflanze bis 8 cm lang, spitzenwärts kräftig erstarkend, unterhalb der Rosette bis 2 cm im $\varnothing$, häufig mehrfach dichotom verzweigt (Abb. 2, IV—VI); Wurzeln zahlreich, in einer oder zwei sich gegenüberstehenden, selten in drei Zeilen längs des Stammes, bis 15 cm lang, meist unverzweigt, selten gegabelt; Blätter rosettig, bis 5 cm lang, mit Flügeln 0,7—1 cm breit (Abb. 3, II a—b); Sporophylle nur

---

[1] Die von Amstutz in der Diagnose angeführte Erscheinung: „folia parte apicale grosse bullato" entspricht nicht den Verhältnissen der lebenden Blätter. Diese besitzen eine glatte Oberfläche. Da beim Fixieren der Pflanzen in Alkohol die Luft in den Interzellulargängen der Blätter nicht vollständig entweicht, werden diese blasig aufgetrieben.

wenig von den Trophophyllen unterschieden, an älteren Pflanzen häufig überhaupt fehlend; Sporangien 0,5—1 cm oberhalb der Blattinsertion; Makrosporen 0,4—0,5 mm im ⌀, reif dunkelbraun mit hervortretenden Kantenwülsten und glattem Exospor; Mikrosporen dunkelbraun, ellipsoidisch, 0,01—0,04 mm im ⌀; Mikroprothallien unbekannt; Makroprothallien 2—3 mm groß, an ihrem aus der Spore herausragenden Abschnitt mit einem Büschel farbloser Rhizoiden, mit ein bis mehreren Archägonien.

Neben der Vermehrung durch Sporen ausgiebige vegetative Vermehrung durch Brutsprosse, welche in den Achseln der Rosettenblätter an Stelle der Sporangien entstehen. In den Polstern daher neben älteren, zahlreiche junge Pflanzen.

Chromosomenzahl: $2n \pm 50$ (48 bis 52)

Wenn man berücksichtigt, welche geringfügigen Unterschiede vielfach zur Abgrenzung einzelner Isoëtes-Arten — insbesondere der südamerikanischen[1] — herangezogen worden sind, so reichen m. E. die zwischen *St. gemmifera* und *St. andicola* bestehenden aus, um der ersteren den Wert einer Art zu verleihen.

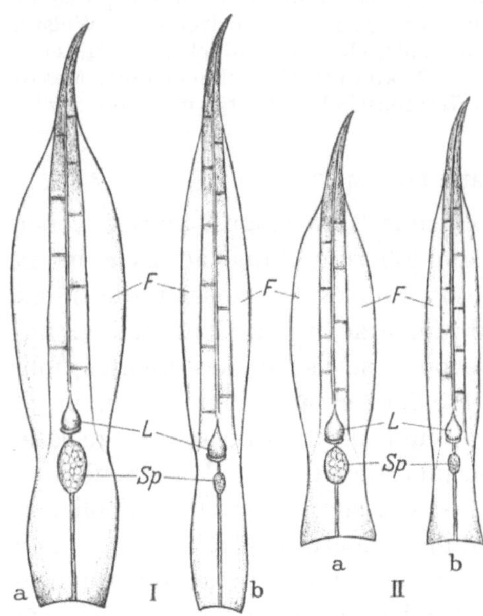

Abb. 3. I *Stylites andicola*, II *St. gemmifera*. a Makrosporophyll, b Trophophyll mit sterilem Sporangium *Sp*; *L* Ligula; *F* Blattflügel. Die chloroplastenführende Blattspitze ist dunkel punktiert (etwas mehr als nat. Gr.)

Die wesentlichsten Unterschiede zwischen beiden Arten seien deshalb noch einmal zusammengestellt:

	Stylites andicola	*Stylites gemmifera*
Stamm:	Bis 20 cm lang, meist unverzweigt	Bis 8 cm lang, reich dichotom verzweigt
Blätter:	5—7 cm lang, bis 1,3 cm breit	3,5—5 cm lang, 0,7 bis 1 cm breit
Makroprothallien: .	Ohne Rhizoidbüschel	Mit Rhizoidbüschel
Vegetative Vermehrung:	fehlend	ausgiebig vorhanden
	Polster nur aus gleichalten Pflanzen bestehend	Im Polster neben alten Pflanzen zahlreiche junge, vegetativ entstandene

[1] Diese weisen kaum Unterschiede hinsichtlich der Form ihrer Makrosporen, dem wichtigsten Unterscheidungsmerkmal auf; bezeichnenderweise besitzen eine Reihe von andinen Arten (WEBER, 1921, 1934) Makrosporen mit glattem, strukturlosem Exospor (s. S. 76ff.).

2. Zur Vergesellschaftung von *Stylites*

Wie schon einleitend erwähnt, ist *Stylites* eine hochandine Sumpfpflanze, die aber im Gegensatz zu den gleichfalls hochandinen *Isoëtes*-Arten (*I. lechleri, I. karstenii, I. herzogii, I. peruviana, I. laevis* u. a.) nicht submers, sondern emers in der Verlandungszone von Seen und Sümpfen wächst und hier in Gesellschaft anderer

Abb. 4. Lagune Caprichosa (4750 m). Der Typstandort von *Stylites andicola* befindet sich auf dem Bild im Vordergrund links; der von *St. gemmifera* im Vordergrund rechts

Sumpfpflanzen, insbesondere der polsterbildenden Juncacee *Distichia muscoides* auftritt.

Genauer studiert wurden die Vegetationsverhältnisse am Typ-Standort nahe Caprichosa. In landschaftlich herrlichster Umgebung findet sich in 4750 m Höhe, umrahmt von nahezu 6000 m hohen Bergen, eine ca. 1,5 km lange, nach NO durch einen niedrigen Moränenwall abgeschlossene Lagune (Abb. 4), ein ehemaliger Glazialsee, dessen seichtere, in Verlandung begriffene Ränder eine recht klare Vegetationszonierung erkennen lassen (Abb. 5 und 6, I). Die freie Wasserfläche wird von freischwimmenden Wasserpflanzen, *Ranunculus aquatilis, Myriophyllum elatinoides* (?) (Abb. 6, I *1—2*), *Nitella* und größeren Kolonien von *Cyanophyceen* (*Nostoc*-Arten) besiedelt[1]. Daran schließt sich ein Grasgürtel aus Reinbeständen von *Calamagrostis chrysantha* an (Abb. 6, I *3*), einem typischen Sumpfgras, das in Peru immer an feuchten, sumpfigen Stellen auftritt und zuweilen bei der Verlandung von Seen, so bei der Lagune Caprichosa, eine große Rolle spielt. *C. chrysantha* bildet hier auch schwimmende Inseln (Abb. 4 und 6, I) oder bogenförmige Streifen, die weit in die offene Wasserfläche hinausreichen (Abb. 5 oben). Landeinwärts geht die *Calamagrostis*-Zone in einen 3—6 m breiten Gürtel der bestands- und polsterbildenden *Distichia muscoides* über (Abb. 5 unten; Abb. 6, I *4*). Mit trockener werdendem, das heißt mit ansteigendem Gelände verschwindet die Sumpfvegetation und wird durch xerophytische Punagräser, *Festuca*-, *Stipa*- und *Calamagrostis*-Arten abgelöst (Abb. 6, I *6*). Sumpf-, Moor- und Hochsteppengesellschaften grenzen hier unmittelbar aneinander (Abb. 4 und 6, I).

Die vorherrschende Pflanze ist ohne Zweifel *Distichia muscoides*, eine in Peru weit verbreitete Juncacee, die bei der Verlandung von Seen und der Entstehung von Hochmooren die gleiche Rolle wie *Sphagnum*[2] spielt, mit dem sie hinsichtlich ihrer Wuchsform weitgehende Gemeinsamkeiten aufweist. *Distichia* bildet als B u l t e zu bezeichnende flache bis schwach aufgewölbte Polster, die anfangs zu einer kompakten, sehr festen Decke zusammenschließen und der Mooroberfläche ein welliges bis gebuckeltes Aussehen verleihen (Abb. 5 unten). In den einzelnen Polstern stehen die reich verzweigten und dicht beblätterten Triebe gedrängt beieinander (Abb. 6, II). Die Härte der Polster aber, über die man ohne einzusinken, trockenen Fußes hinwegschreiten kann, wird im wesentlichen durch die kleinen, aufgerichteten, starren, in eine sklerenchymatisierte Spitze auslaufenden Blätter bedingt, die alle in eine gemeinsame, wie „geschoren" aussehende Oberfläche zu stehen kommen (Abb. 6, II). Das Wachstum der Polster erfolgt ähnlich denen von *Sphagnum* und den Rasenpolstern (s. Rauh, 1939), indem die Triebe an ihrer Spitze ständig weiterwachsen und damit die Polsteroberfläche erhöhen, während die älteren Sproßabschnitte samt ihren Blättern absterben. Im Laufe der Jahre bilden sich diese zu Torf um (Abb. 6, I punktiert), der in Peru unter dem Namen „champa" bekannt ist und zur Düngung der Wiesen, als Pflanz-

---

[1] Eine Untersuchung der sehr reich entwickelten Plankton-Vegetation steht noch aus.

[2] Dieses ist in Peru — vor allem in der Westcordillere — recht selten.

Abb. 5. Lagune Caprichosa. Oben: Ausschnitt aus dem *Calamagrostis chrysantha-*,
unten: aus dem *Distichia muscoides*-Gürtel

material für Orchideengärtner und Brennmaterial dient. Nur die
jeweils jüngsten Sproßabschnitte mit ihren Blättern sind lebend.

An den ersteren entstehen kräftige sproßbürtige Wurzeln, welche tief in den Torf eindringen. Haben die Polster eine gewisse Höhe erreicht, so setzt Erosion ein, die wie bei europäischen Hochmooren zur Bildung von Schlenken und nahezu kreisförmigen *Distichia*-Bulten mit Durchmessern von 1 m und mehr führt (Abb. 6, II). Die ersteren sind zur Regenzeit — in niederschlagsreichen Jahren auch noch während der Trockenzeit — mit Wasser (p_H 5,5—5,8) erfüllt, so daß sich in ihnen eine reiche Kryptogamenflora ansiedeln kann. An Phanerogamen finden sich bevorzugt die beiden Wasser-pflanzen *Crantzia lineata* (Abb. 6, II *Cr*) und die interessante *Alchemilla diplophylla* (Abb. 6, II *Al*). Während der winterlichen Trockenzeit (Mai bis Oktober) frieren die Schlenken zeitweilig zu, ohne daß die Phanerogamenvegetation jedoch Schädigungen er-leidet[1].

Durch ein ausgeprägtes „Randwachstum" der *Distichia*-Polster (Näheres bei RAUH, 1939) werden im Laufe von Jahren die Schlen-ken wieder von *Distichia* erobert und an ihre Stelle tritt ein Polster, während das alte selbst degeneriert und durch Erosion zu einer neuen Schlenke wird. Somit findet in einem *Distichia*-Moor das gleiche Wechselspiel zwischen Bult- und Schlenkenbildung statt wie in einem *Sphagnum*-Hochmoor[2].

Die *Distichia*-Polster sind so kompakt, daß — von den Schlenken abgesehen — nur wenig Platz für andere Pflanzen bleibt, die dann als „Polsterepiphyten" auftreten. So wurden eine Reihe von Laub- und Lebermoosen festgestellt — unter den letzteren ist *Fossom-bronia peruviana* vorherrschend; an Phanerogamen wurden notiert: *Chevreulia spec.* (Comp.), *Werneria pygmaea* (Comp.) und andere, nur im vegetativen Zustand gesammelte Kompositen, *Gentiana prostrata, Castilleja fissifolia, Cerastium behmianum* (?), *Aa* (= *Altensteinia*) *weberbaueri* (Orchidac.), *Alchemilla diplophylla* und *Crantzia lineata*[3].

---

[1] So waren bei einem Besuch im Juli 1956 nachmittags gegen 14 Uhr, obwohl den ganzen Tag über die Sonne geschienen hatte, die Schlenken noch von einer zentimeterdicken Eisschicht überzogen und die *Distichia*-Polster selbst in einer Tiefe von 20 cm hartgefroren.

[2] Näher hierauf wird in einer gesonderten Arbeit über die peruanischen *Distichia*-Moore eingegangen.

[3] Für die im Yauli-Tal gelegenen *Distichia*-Moore (4400—4500 m) gibt WEBERBAUER (1945) noch folgende Begleitpflanzen an: *Scirpus atamacensis, S. hieronymi, S. pauciflorus, Arjana glaberrima* (Santalac.), *Melandryum weberbaueri, Ranunculus cymbalaria, Gentiana carneorubra, Bartsia diffusa, Ourisia muscosa* (Scrophulariac.), *Lysipomia pumila* (Campanulac.) und *Werneria salviaefolia* (Comp.).

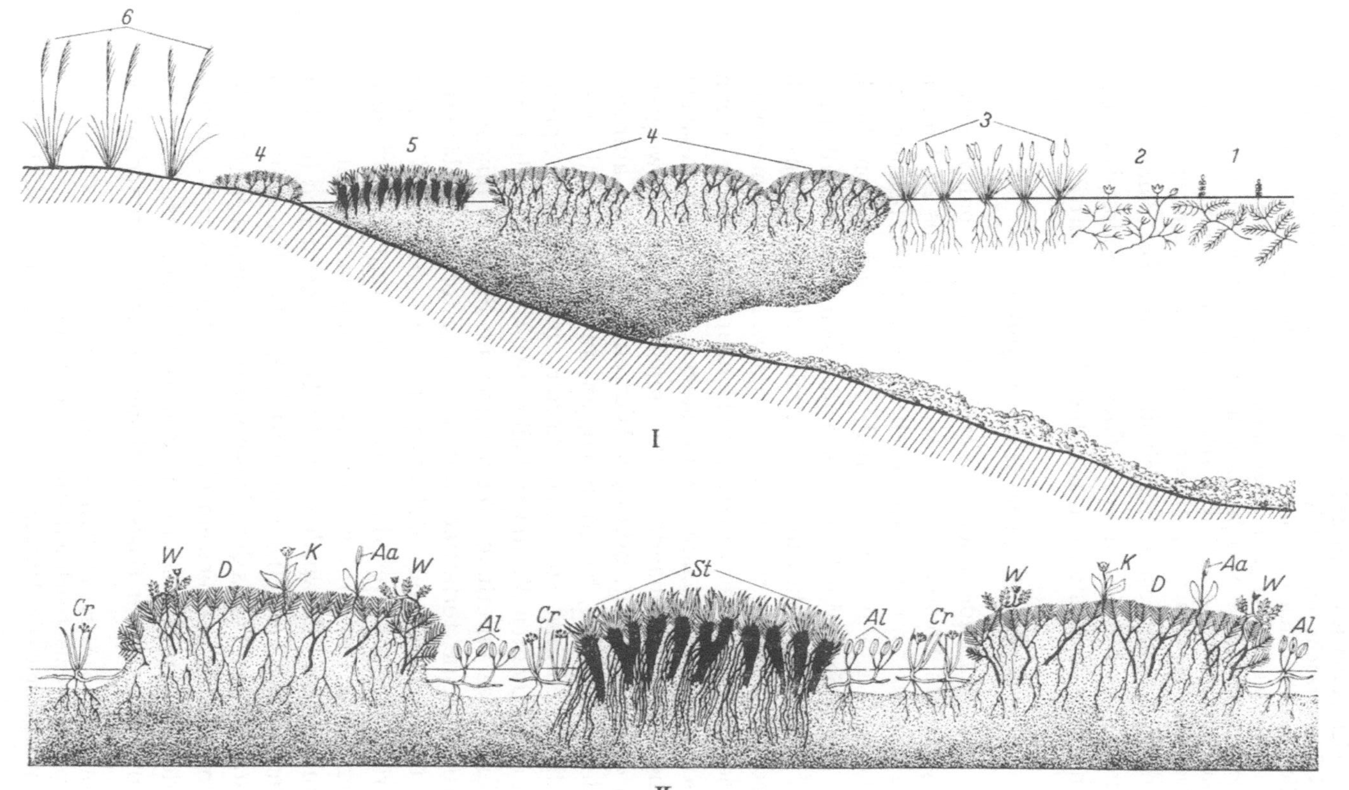

Abb. 6. Schema der Verlandung der Lagune Caprichosa. In I bedeuten: *1 Myriophyllum*, *2 Ranunculus aquatalis*, *3 Calamagrostis chrysantha*, *4 Distichia muscoides*, *5 Stylites*, *6* Horstgräser. II Ausschnitt aus dem *Distichia*-Gürtel, die Bult- und Schlenkenbildung zeigend. *D* = Polster von *Distichia muscoides* mit den Polsterepiphyten: *W = Werneria pygmaea*, *Aa = Aa weberbaueri*, *K* = versch. Kompositen, *St = Stylites andicola*. In den von Wasser erfüllten Schlenken wachsen: *Al = Alchemilla diplophylla* und *Cr = Crantzia lineata*, abgestorbene Pflanzenteile punktiert. (Nähere Erläuterungen im Text)

Distichia scheint übrigens eine der wenigen hochandinen Pflanzen zu sein, welche sich in der Ebene nicht kultivieren lassen. Wir haben verschiedentlich Kulturversuche unter den mannigfaltigsten Bedingungen durchgeführt, die alle fehlschlugen; schon nach kurzer Zeit waren die Pflanzen, obwohl sie in frischgrünem und lebensfähigem Zustand eintrafen, abgestorben; viele hochandine Moorpflanzen hingegen haben wir schon seit 2 Jahren in Kultur, wie die in Europa seltene Orchideengattung *Aa*, *Alchemilla diplophylla*, *Crantzia* u. a., die ein recht üppiges Wachstum zeigen.

Eine der interessantesten Begleitpflanzen des *Distichia*-Moores der Lagune Caprichosa ist aber *Stylites*, die am Südost-Ufer der Lagune in größeren Beständen zwischen *Distichia* auftritt.

3. Zur Wuchsform von *Stylites*

Gleich *Distichia* bildet auch *Stylites* ziemlich feste, halbkugelige bis flach gewölbte Polster von einem Durchmesser bis zu 1 m, in welchen Hunderte von Einzelpflanzen dicht gepackt beisammenstehen[1] (Abb. 6, I *5* und II *St*, Abb. 7, I). Allein schon durch ihren polsterförmigen Wuchs unterscheidet sich diese von allen bekannten *Isoëtes*-Arten, die entweder einzeln, allenfalls rasen-, doch niemals polster- oder gar torfbildend auftreten. Aber noch augenfälliger werden die gegenüber *Isoëtes* bestehenden Unterschiede, wenn wir ein Stück aus dem Polster heraushacken. Wir sehen zunächst nur Büschel langer, miteinander verflochtener, völlig unverzweigter, 2—3 mm dicker, brauner, brüchiger Wurzeln, welche die aufrecht wachsenden, walzlichen, bis 20 cm langen, an der Spitze mit einer Rosette dicht gedrängt stehender Blätter abschließenden Sproßachsen in einen dichten Mantel einhüllen (Abb. 7, II). Graben wir noch tiefer in das unterhalb 30 cm gefrorene Substrat hinein, so stoßen wir auf eine torfartige, nur aus abgestorbenen Blättern, Wurzeln und Achsen von *Stylites* gebildeten „Substanz". Die Pflanze trägt also bei ihrer Häufigkeit an der Lagune Caprichosa in gleicher Weise wie *Distichia* zur Torfbildung und damit auch zur Verlandung bei. Es wurden *Stylites*-Torfablagerungen (p_H 4,8) bis zu einer Dicke von 80 cm festgestellt[2]. Die Pflanze ist also gleich *Distichia* dem Typus der „Rasenpolster" zuzuordnen (Abb. 6, II); das sind Polster, in denen einzelne, in der Regel reich verzweigte, voneinander isolierte Sprosse dicht gepackt beieinanderstehen und in gleichem Maße von der Basis her absterben, wie sie an der Spitze

---

[1] Die Angabe von Amstutz: "The largest colonies consist of 40 or more individual plants" bezieht sich auf sehr kleine Polster.

[2] Vermutlich können die Ablagerungen noch eine viel größere Mächtigkeit erreichen.

weiterwachsen; sie schaffen sich somit ihr Substrat selbst, das von sproßbürtigen Wurzeln durchzogen wird[1]. Obgleich ein beachtliches Material untersucht wurde, konnte die Frage nach dem Zustandekommen der Polster von *St. andicola* nicht befriedigend geklärt werden. Alle Triebe eines Polsters sind in der Regel unverzweigt,

Abb. 7. *Stylites andicola*. I Ausschnitt eines Polsters in Aufsicht; II ein herausgehacktes Polsterstück in Seitenansicht

von gleicher Länge und Dicke und somit wohl auch von gleichem Alter. Unter rund 100 Exemplaren wurden nur 4 Pflanzen gefunden, die eine dichotome Gabelung (Abb. 2, III) aufwiesen, so daß die Polsterbildung im Vergleich zu anderen „Rasenpolstern" nicht durch reiche Verzweigung der einzelnen Sprosse erklärt werden kann. Es ist vielleicht daran zu denken, daß während der Regenzeit reife Makro- und Mikrosporen in größerer Menge in die Schlenken gespült werden, hier keimen, und auf diese Weise sich viele Jungpflanzen zu einem Polster vereinigen. Gegen diese Annahme

---

[1] In Übereinstimmung mit *Distichia* scheinen auch die Polster von *Stylites* nach einer gewissen Zeit abzusterben. An ihre Stelle tritt dann eine Schlenke, die sekundär wieder von *Distichia* erobert werden kann. So wurden mehrmals unter lebenden *Distichia*-Polstern *Stylites*-Torfablagerungen angetroffen.

sprechen indessen die folgenden Beobachtungen: In der lebenden Blattrosette stehen die in rhythmischen Intervallen gebildeten Sporophylle so dicht gepackt aufeinander, und die Sporangien befinden sich bis zu 5 cm unterhalb der Polsteroberfläche, daß nur die wenigsten Sporen entlassen werden können. So weisen die alten, bereits verrotteten Makrosporophylle noch vollständig geschlossene Sporangien auf, die mit unreifen, weißlichen Makrosporen — die reifen sind von dunkelbrauner bis schwarzer Farbe — angefüllt sind. Der *Stylites andicola*-Torf enthält ungezählte Mengen ungekeimter Makro- und Millionen nicht weiter entwickelter Mikrosporen. Bei der Analyse der Polster wurden zwischen den Blättern der Rosetten und im Torf nur 5 Makroprothallien und nur eine einzige Keimpflanze gefunden.

Wesentlich geringere Schwierigkeiten bereitet die Erklärung des Polsterwuchses von *St. gemmifera*, von welcher uns große Polsterstücke durch die Vermittlung von H. VON APPEN zur Verfügung standen. Im Vergleich zu *St. andicola* sind die einzelnen Pflanzen selbst reich verzweigt. Schon auf recht frühen Entwicklungsstadien setzt Dichotomie ein, die sich in kürzeren Zeitabständen wiederholt (Abb. 2, V). So konnten an ca. 5 cm langen Achsen bis zu vier Gabelungen festgestellt werden, die meist in eine Ebene fallen. Dazu kommt eine ausgiebige vegetative Vermehrung (Abb. 2, VI), die sich in ähnlicher Weise vollzieht, wie sie von GOEBEL (1879 u. 1930) für die *f. vivipara* von *Isoëtes lacustris* aus dem Longemer (Vogesen) beschrieben worden ist: Nahe der Basis der Rosettenblätter entstehen Knospen, die auch nach Verrotten ihres Tragblattes noch längere Zeit mit der Mutterpflanze in Verbindung bleiben und sich erst, nachdem sie eine kurze Achse und sproßbürtige Wurzeln erzeugt haben, verselbständigen und zu neuen Pflanzen heranwachsen (s. auch S. 65 ff.). In einem Polster von *St. gemmifera* findet man deshalb nicht nur ältere Pflanzen mit kräftigen Achsen und Rosetten, sondern stets auch eine große Anzahl junger. Wie ausgiebig die vegetative Vermehrung sein kann, zeigt das in Abb. 2, VI wiedergegebene Exemplar: An der Mutterpflanze, die eine 5 cm lange und 1,5 cm dicke Achse besitzt (Abb. 2, VI *M*), wurden unterhalb der aus lebenden Blättern gebildeten Rosette mehr als 20 Tochterrosetten gezählt, die zwar noch mit der Mutterachse in Verbindung standen, jedoch selbst schon ein 3 mm langes, 2 mm dickes und reich bewurzeltes Stämmchen entwickelt hatten. Ausgiebige vegetative Vermehrung und reiche Verzweigung der Einzelpflanzen begünstigen natürlich die Polsterbildung.

4. Zur Morphologie und Anatomie der Einzelpflanze von *Stylites*

Da beiden *Stylites*-Arten ein in den Grundzügen übereinstimmender Bauplan zugrunde liegt und ihre Vegetationsorgane die gleichen anatomischen Verhältnisse aufweisen, können beide gemeinsam besprochen werden. Auf bestehende Unterschiede wird im einzelnen hingewiesen.

a) Gesamtwuchsform

Betrachtet man ein *Stylites*-Polster von oben (Abb. 7, I), so sieht man zunächst allein die nach rückwärts gekrümmten und intensiv grün gefärbten Spitzen der im übrigen aufgerichteten Blätter, die nach Art der Bromelien zu einer trichterförmigen, jedoch zum größten Teil in das Polsterinnere verlagerten Rosette zusammenstehen. Der gesamte basale, nicht dem Licht ausgesetzte Abschnitt der Blätter erscheint deshalb bleich und ist frei von Chloroplasten. An besonders kräftigen Pflanzen erreicht die Rosette eine Länge von 5—7 cm bei einem Durchmesser bis zu 5 cm und wird von mehr als 100 lebenden Blättern gebildet. Die Sproßvegetationspunkte sind somit tief in das Polsterinnere versenkt (Abb. 8, III). Im Gegensatz zu dem stets knollenförmig verkürzten Stamm von *Isoëtes* aber sitzt die Blattrosette einem aufrecht wachsenden, allenfalls schräg aufsteigenden Stamm („Rhizom") auf (Abb. 2, I—II), der bei *St. andicola*, sofern man die Pflanzen unversehrt dem Boden entnehmen kann[1], eine Größe bis zu 20 cm erreicht[2]. Dieser wäre noch wesentlich länger, wenn er nicht ständig von der Basis her absterben würde. Der jährliche Längenzuwachs scheint nur wenige Millimeter zu betragen, so daß die in Abb. 2, I wiedergegebene Pflanze ein recht beachtliches Alter aufweisen dürfte[3].

Ein ganz merkwürdiges Verhalten läßt sich aber hinsichtlich der Radication feststellen. Obwohl der Stamm seiner ganzen Länge nach Wurzeln trägt, sind diese nur auf eine schmale Längszone desselben lokalisiert und entspringen hier einer tiefen, sog. Wurzelfurche (Abb. 8; Abb. 9). Bei flüchtiger Betrachtung wird der

---

[1] Das Rhizom ist weich und brüchig.

[2] Nach Amstutz werden die Achsen nur bis 7 cm lang; ihr standen, wie sie auch vermerkt, nicht vollständige Pflanzen zur Verfügung.

[3] Genaue Altersangaben lassen sich nicht machen.

Eindruck erweckt, als sei der Stamm im Bereich der Wurzeln längs aufgerissen. Trotz ihres orthotropen Wuchses zeigt also die Achse von *Stylites* eine ausgesprochene Dorsiventralität. Nur oberhalb der Wurzelzone ist diese, wie aus Querschnitten durch die Rosettenbasis zu entnehmen ist, scheinbar radiär gebaut; daß indessen auch in diesem Bereich dorsiventraler Achsenbau vorliegt, geht, den Ausführungen auf S. 40 zufolge, aus der Anordnung der Blätter

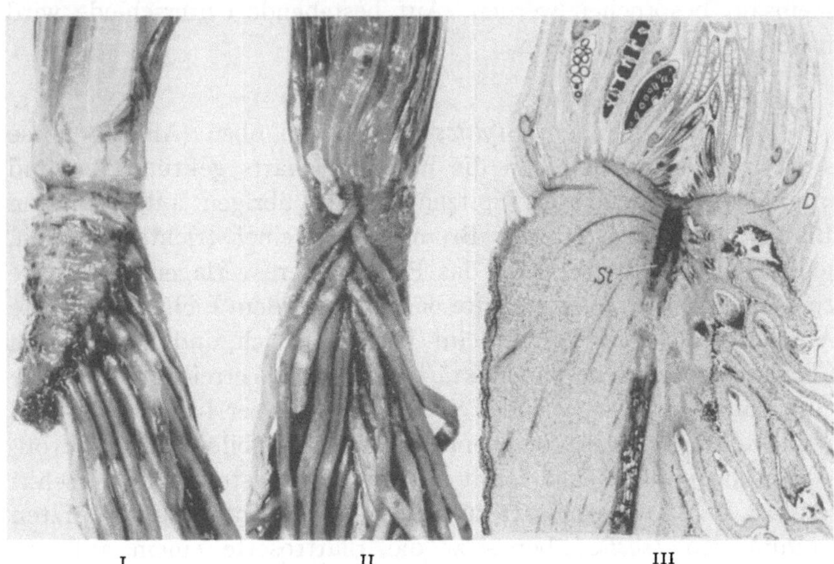

Abb. 8. I *Stylites gemmifera*, ältere Pflanze in Seitenansicht; II—III *St. andicola*. II Wurzelzone in Aufsicht. III Medianer, durch die Wurzelfurche geführter Längsschnitt; *St* Achsenstele; *D* das die Wurzeln überdeckende „Dach" der Achse. Im Bereich der Rosette sind, der Wurzelzeile opponiert stehend, 1 Makro- und 2 Mikrosporangien angeschnitten

und der Verteilung der Sporophylle hervor. Führen wir einen Längsschnitt durch Achse und Wurzelfurche, so stellen wir fest, daß die jüngsten Wurzeln bis an die aus lebenden Blättern gebildete Rosette heranreichen und hier von Achsengewebe überdeckt werden, das sich (auf Längsschnitten) gleich einem Dach über diese legt (Abb. 8, III *D*). Die Wurzeln entstehen wie bei *Isoëtes* in akropetaler Folge und sterben von rückwärts ab, wie dies auch sonst bei Rhizomen (z. B. *Iris*) das normale Verhalten ist. Wenngleich auch die jüngsten Wurzeln stets unmittelbar unterhalb der Rosette zu finden sind, so können solche hin und wieder auch in scheitelferneren Sproßabschnitten, das heißt zwischen älteren Wurzeln entstehen. In selteneren Fällen (ca. 1 % aller untersuchten Pflanzen) wurden, vor allem bei *St. gemmifera*, 2 opponiert stehende

Wurzelzeilen gefunden (Abb. 9, II u. IIa), und ein einziges Mal konnte ein Exemplar mit 3 Wurzelzeilen festgestellt werden (Abb. 9, III u. IIIa). In diesen Fällen besitzt die Sproßachse dann 2,

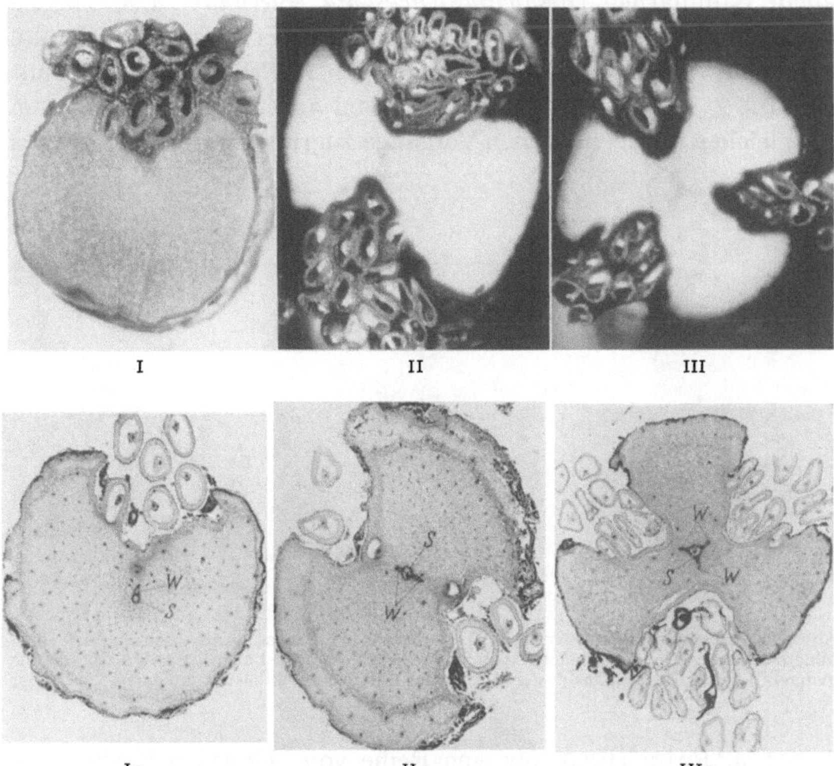

I   II   III

Ia   IIa   IIIa

Abb. 9. Querschnitte durch die Achsen eines normal bewurzelten Exemplares von *Stylites andicola* (I und Ia) und durch zwei- bzw. dreizeilig bewurzelte Exemplare von *St. gemmifera* (II, IIa; III, IIIa). Die obere Reihe (I—III) sind Makro-, die untere Reihe (Ia—IIIa) die entsprechenden Mikrophotos. (I nach konserviertem, II u. III nach lebendem Material photographiert.) *S* Achsen-, *W* Wurzelstelen

bzw. 3 tiefe Furchen und läßt nicht nur in morphologischer, sondern auch in anatomischer Hinsicht einen mehr oder weniger radiären Bau erkennen.

b) Zur Morphologie der Sproßachse [1]

Auf die Größenverhältnisse der Achse von *Stylites* wurde bereits in der Diagnose hingewiesen; die größten, uns zur Verfügung stehenden Exemplare haben einen Achsenkörper von 20 cm Länge und

---

[1] Auf die Anatomie der Sproßachse, insbesondere auf den Bau der Stele, wird im 2. Teil der Arbeit im Zusammenhang mit den Verdickungsprozessen eingegangen.

3 cm Dicke, wobei dessen Durchmesser im Bereich der Blattrosette, wenig oberhalb des Scheitels, die größten Werte aufweist (Abb. 10; Abb. 11); in Übereinstimmung mit anderen Pteridophyten, vor allem Baumfarnen (*Alsophila, Dicksonia, Blechnum* u. a.), lassen auch die Achsen von *Stylites* ein kräftiges Erstarkungswachstum erkennen, wie dies in ähnlicher Form von *Isoëtes* her nicht bekannt ist. Im 2. Teil der Arbeit ist eingehend auszuführen, daß diesem die gleichen histogenetischen Vorgänge zugrunde liegen, wie sie von

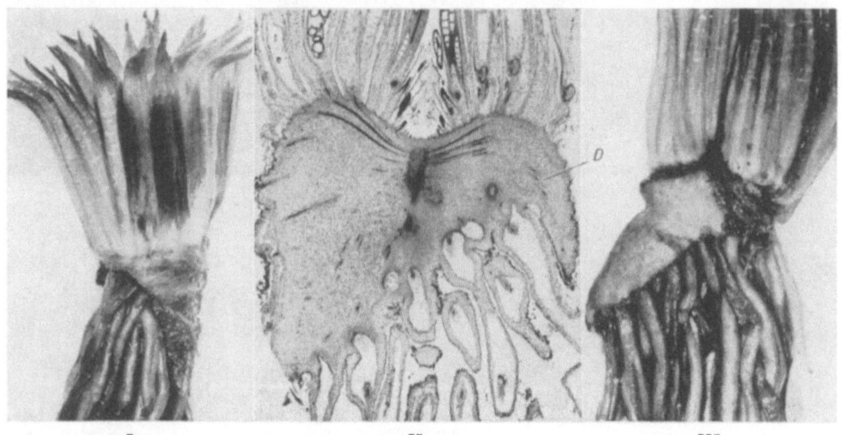

Abb. 10. *Stylites gemmifera*, Erstarkungswachstum. II Längsschnitt durch die in I abgebildete Pflanze. Die Achsenstele ist nicht in ihrer gesamten Länge getroffen. *D* das die Wurzeln überdeckende „Dach" der Achse. III Pflanze vom Polsterrand mit beginnender Dichotomie

Troll u. Rauh (1950) für eine Reihe von Dikotylen beschrieben worden sind, nämlich ein von Scheitelerstarkung begleitetes primäres Dickenwachstum. Im Gefolge dieser Prozesse wird der Vegetationspunkt selbst in eine Scheitelgrube verlagert (Abb. 8, III; Abb. 10, II), die um so tiefer ist, je lebhafter die primären Verdickungsvorgänge sich vollziehen. Die größten Ausmaße erreicht das Erstarkungswachstum an Jungpflanzen. Noch bevor sich die Achse wesentlich in die Länge streckt, erlangt diese ihre nahezu endgültige Dicke, so daß ein zunächst kurzer, etwa 2—3 cm langer Stamm von deutlich verkehrt-kegelförmiger Form resultiert (Abb. 8, I; Abb. 10, I—II; Abb. 12, I—III). Freilich tritt an älteren Pflanzen die Erstarkungszone nicht mehr so auffallend in Erscheinung, da die geschwächten Achsenpartien bald zugrunde gehen (in Abb. 11 gestrichelt). Erst nach weitgehendem Abschluß des Erstarkungswachstums setzt in verstärktem Maße Längenwachstum

und damit die für *Stylites* typische Stammbildung ein (Abb. 2,
I—IV; Abb. 11, IV—V). Hierin unterscheidet sich diese in auffallender Weise von *Isoëtes*, bei der das Längenwachstum nahezu
vollständig unterdrückt ist zugunsten eines transversal gerichteten
Dickenwachstums, das zur Ausbildung des bekannten knolligen,

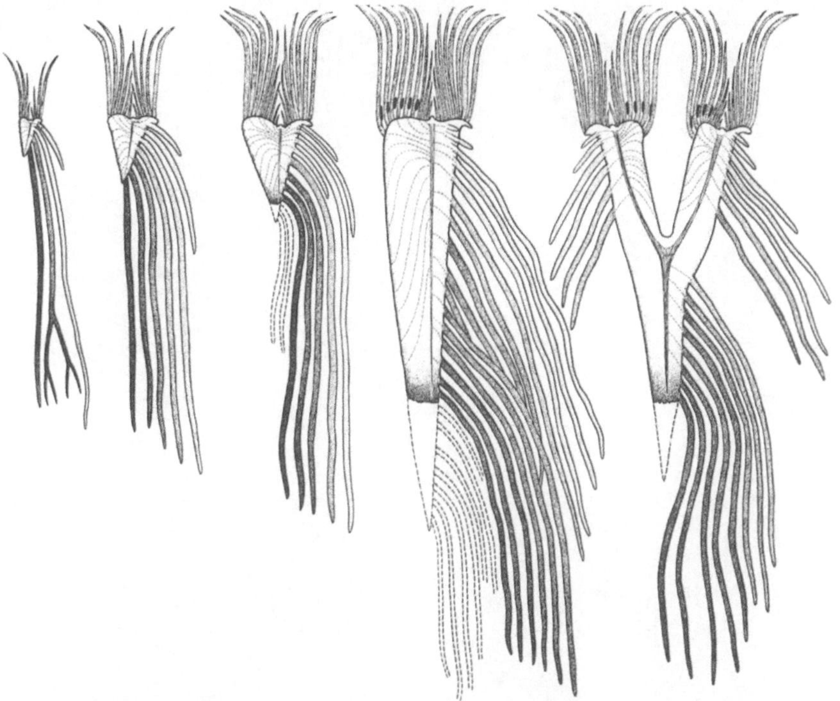

Abb. 11. *Stylites andicola*, Erstarkungswachstum und Wuchsform schematisch. (Alle
Figuren sind als durch die Wurzelzeile geführte Längsschnitte gedacht.) Gestrichelt:
abgestorbene, dunkel punktiert: im Absterben begriffene, heller punktiert: lebende Teile
der Pflanze. Die Sporangien sind schwarz eingetragen. (Ligula und alte, verrottete Blätter
nicht gezeichnet)

an der Basis gelappten Achsenkörpers führt. Dieser stirbt deshalb
auch nicht von der Basis, sondern von außen her ab. Im weiteren
Verlauf der Entwicklung kommen aber die primären Verdickungsprozesse bei *Stylites* nicht völlig zum Erliegen, so daß auch verlängerte Achsen spitzenwärts, wenn auch in geringem Maße, noch
an Umfang gewinnen und deshalb stets im Bereich der Scheitelregion ihren größten Durchmesser aufweisen (Abb. 2, I; Abb. 11, IV).

In der Regel zeigen die Achsen von Beginn ihrer Entwicklung
an einen orthotropen Wuchs (Abb. 2, I—IV; Abb. 8, I; Abb. 10, I;
Abb. 11, IV; Abb. 12, I). Es wurden, vor allem am Rande der

Polster, indessen auch Pflanzen gefunden, deren Achsen zunächst plagiotrop wachsen, bzw. schräg aufsteigen (Abb. 10, III) und erst später zu orthotropem Wuchs übergehen. Solche Exemplare können ohne weiteres mit sproßbürtig bewurzelten Rhizompflanzen

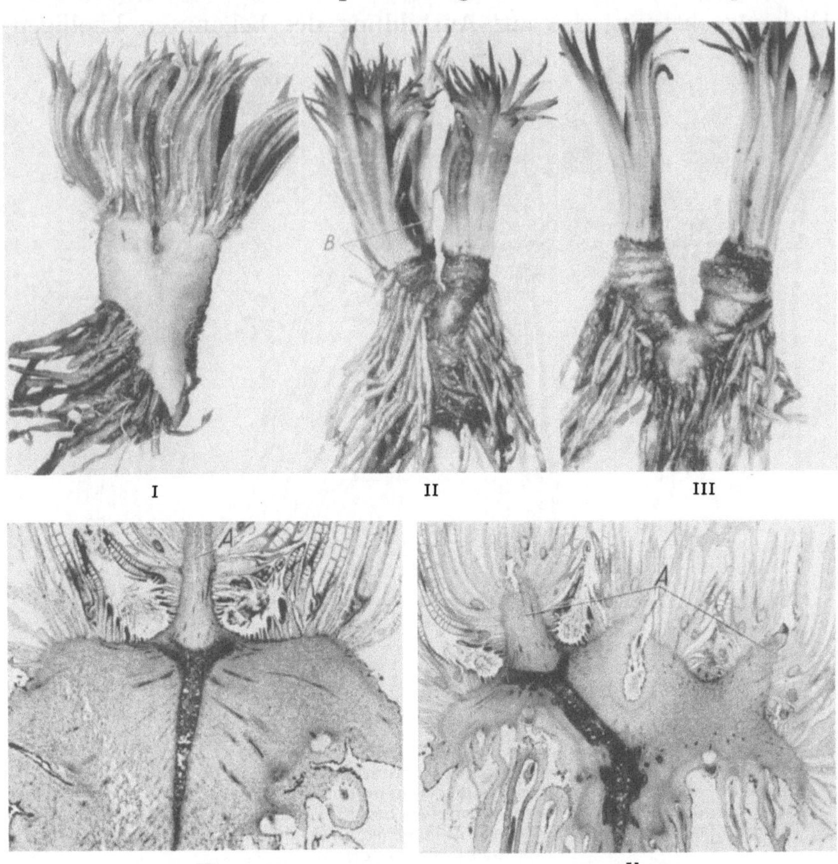

Abb. 12. *Stylites gemmifera*, Verzweigung. I Längsschnitt durch eine fertile Pflanze mit beginnender Dichotomie. In II und III haben sich die Dichotomäste bereits bewurzelt. *B* vegetativ entstandene Brutpflanzen. IV Längsschnitt durch eine Sproßspitze mit beginnender Dichotomie; *A* der aus den vereinigten Basen der beiden Dichotomäste entstandene Gewebezapfen; *V* Längsschnitt durch eine Pflanze mit zwei aufeinanderfolgenden Dichotomien. An den beiden rechten Dichotomästen ist die Achsenstele nicht erfaßt

verglichen werden, bei denen die Wurzeln der Unter-, die Blätter hingegen der Oberseite der Achse entspringen.

Haben die Pflanzen sich genügend gekräftigt, so kann Verzweigung einsetzen, die wohl unabhängig vom Jahresrhythmus erfolgt. Wenngleich auch, trotz Aufarbeitung eines umfangreichen Materiales deren Beginn selbst nicht beobachtet werden konnte, so muß aus dem Verlauf der Achsenstele auf Dichotomie geschlossen werden (Abb. 12, IV—V). Vermutlich vollzieht sich diese in gleicher Weise, wie von HEGELMEIER (1872) für *Lycopodium* beschrieben, dessen Stammscheitel in Übereinstimmung mit *Stylites* (und auch mit

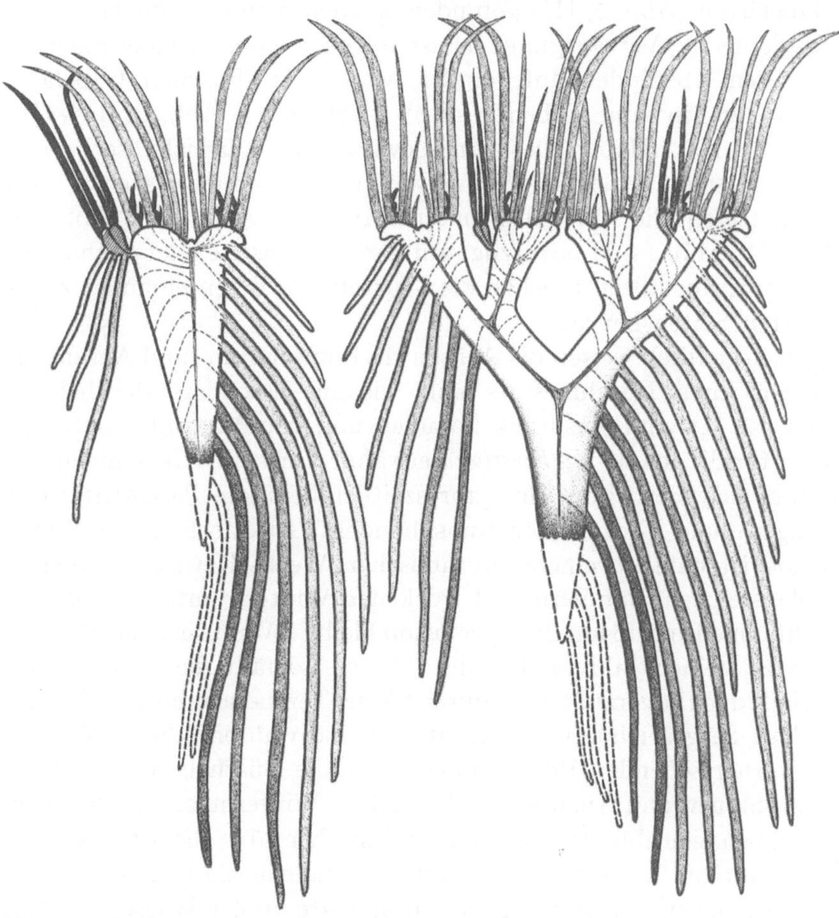

Abb. 13. *Stylites gemmifera*, Wuchsform und Verzweigung schematisch. Brutsprosse schwarz. Punktierung und Strichelung wie in Abb. 11

Isoëtes) keine Scheitelzelle besitzt. Gemäß Abb. 12, IV—V bleiben die Basen der einander zugekehrten Seiten der Dichotomäste etwa 1 cm lang kongenital miteinander vereinigt, so daß ein dünner, allseits blättertragender und von Blattspuren durchzogener Gewebezapfen (*A*) entsteht. Erst später werden die beiden Dichotomäste selbständig, ein Verhalten, das von HEGELMEIER für *Lycopodium* nicht erwähnt wird.

Hinsichtlich der Häufigkeit der Gabelungen bestehen zwischen *St. andicola* und *St. gemmifera* beachtenswerte Unterschiede. Während bei der ersteren Verzweigung selten ist und unter rund 100 Pflanzen nur 4 verzweigte Exemplare mit nur einem Paar von Gabelästen (Abb. 2, III) gefunden wurden, neigt *St. gemmifera* zu ausgiebigerer Verzweigung. Meist folgen mehrere Dichotomien in kürzeren Abständen aufeinander, wobei die einzelnen Gabeläste bevorzugt in eine Ebene fallen (Abb. 2, V; Abb. 12, II—III; Abb. 13, II)[1]. Haben diese eine gewisse Länge erreicht, so bewurzeln sie sich in gleicher Weise wie die Abstammungsachse, und zwar treten die Wurzelzeilen entsprechend Abb. 2, V; Abb. 12, II—III; Abb. 13, II bevorzugt auf der „Außenseite" der Dichotomäste auf; nur selten brechen die Wurzeln auf deren einander zugekehrten Seiten hervor.

Gelegentlich weisen die Achsen rhythmische An- und Abschwellungen ihres Durchmessers auf, wie sie besonders deutlich in Abb. 12, III zum Ausdruck kommen und von Mägdefrau (1932) auch für die fossile *Nathorstiana* erwähnt werden. Wir nehmen an, daß es sich hierbei um eine jahreszeitlich bedingte Periodizität des Längen- und Dickenwachstums handelt. Die hochandine Punaregion ist nämlich einem rhythmischen Wechsel zwischen niederschlagsreichen Sommern und trockenen Wintern unterworfen, der nicht ohne Einfluß auf die Vegetation bleibt. Wenn auch das Wachstum zu keiner Jahreszeit völlig erlischt, so fällt die Wachstumsperiode doch bevorzugt in die durch höhere Temperaturen und Niederschläge ausgezeichnete Regenzeit. So sind während dieser Monate die vorherrschenden Pflanzen der Puna, die Büschelgräser, lebhaft grün, blühen und fruchten, in den kalten Wintermonaten hingegen verfärben sich ihre Blätter gelb und sterben ab. Die Blühperiode der krautigen Begleitpflanzen fällt gleichfalls in die Regenzeit, und viele Pflanzen verbringen die Wintermonate infolge Wassermangels im Zustand der Vegetationsruhe. Wenngleich nun *Stylites* als Sumpfpflanze auch während der Wintermonate genügend Feuchtig-

---

[1] Für *Isoëtes* wird Verzweigung als Ausnahme angesehen. So wird von Solms-Laubach (1902) ein „2-köpfiges" Exemplar von *I. lacustris* abgebildet; nach A. Braun kann sich *I. adpersa* gelegentlich verzweigen und Moteley und Vendryès (zitiert bei Solms-Laubach) führen Dichotomie für *I. hystrix* an. Zur Verzweigung von *Isoëtes* schreibt Eames (1936): "Occasionly a plant is found with branches dichotomously, but growth in length is so slow that the apices do not get far apart and the 'corm' itself is not divided; the dichotomy is within the corm, and there are therefore two crowns of leaves. Rarely a second dichotomy occurs" (S. 50/51).

keit zur Verfügung hat, so dürfte deren Wasserversorgung dennoch infolge Gefrierens des Substrates wesentlich erschwert sein. Im Vergleich zu den übrigen Punapflanzen muß deshalb angenommen werden, daß die Wachstumsperiode (Längen- und Dickenwachstum) auch von *Stylites* in die Regenzeit fällt und während des Winters weitgehend sistiert.

Die Oberfläche des Stammes (Rhizoms) ist in Übereinstimmung mit den fossilen Lepidophyten mit einem mehr oder weniger deutlichen Muster der Narben der abgefallenen Blätter bedeckt, die in flach aufsteigenden Schraubenlinien die Achse umlaufen (Abb. 2, I—II). Wenig unterhalb der Blattrosette sind noch Reste des Mittelnerven der Blätter festzustellen. Die Blattnarben lassen sich meist über die gesamte Länge der Sproßachse verfolgen, ein Zeichen dafür, daß das primäre Abschlußgewebe erhalten bleibt und im Verlauf des Dickenwachstums nur eine tangentiale Dehnung erfährt.

Schon wenige Millimeter unterhalb der Rosette nimmt die Achse eine auf Verkorkung beruhende Braunfärbung an. Es wird jedoch kein Kork mit Hilfe eines Phellogens produziert, sondern die peripheren Rindenzellen. sterben ab und verfärben sich, wohl unter Einlagerung von Gerbstoffen in die Zellmembran, braun. Das lebende Achsengewebe wird auf diese Weise von einem mehrere Zellagen dicken Mantel toter Zellen umschlossen (Abb. 9; Abb. 8, III), der erst in rückwärtigen Sproßabschnitten abzublättern beginnt.

In anatomischer Hinsicht besteht die Sproßachse aus interzellularenreichem, von den Blatt- und Wurzelspuren durchzogenem Parenchym, dessen Zellen dicht mit Speicherstoffen, Stärke und Öl angefüllt sind. Die Art der Inhaltsstoffe scheint je nach Jahreszeit verschieden zu sein. So konnte bei den im Dezember (Regenzeit = Wachstumsperiode) gesammelten Exemplaren viel Öl und wenig Stärke festgestellt werden, während umgekehrt im Mai (Beginn der Trockenzeit) ausgegrabene Pflanzen viel Stärke und wenig Öl enthielten.

Im Zentrum der Sproßachse liegt die im Verhältnis zu deren Durchmesser sehr dünne Stammstele (Abb. 9, Ia—IIIa *St*), die auf durch die Wurzelzeile geführten Längsschnitten eine stark exzentrische Lage einnimmt (Abb. 8, III). Mit dieser steht eine eigene, die Wurzeln innervierende Wurzelstele in Verbindung, so daß die Gesamtstele auf dem Querschnitt einen $\pm$ elliptischen Umriß aufweist (Abb. 9, Ia, Näheres hierüber im 2. Teil der Arbeit). Sind zwei bzw. drei Wurzelzeilen vorhanden, so treten entsprechend zwei bzw. drei Wurzelstelen auf, die Anschluß an die Sproßstele nehmen (Abb. 9, IIa—IIIa).

c) Zur Morphologie und Anatomie der Wurzel

Hinsichtlich der Ausbildung der Wurzeln zeigt *Stylites* ein von *Isoëtes* stark abweichendes Verhalten. Für letztere „scheinen die dichotom verzweigten Wurzeln charakteristisch zu sein. Sie werden in der Literatur oft genannt, auf vielen Abbildungen gezeigt, sind bei Herbarmaterial gut zu erkennen und überall deutlich bei lebenden Pflanzen von *Isoëtes lacustris*, das zum Vergleich herangezogen wurde" (MEYER, 1958, S. 33). Aber auch bei hochandinen Arten, wie *I. lechleri*, die von uns in Peru gesammelt wurde, sind die dünnen, weißlichen Wurzeln reich dichotom verzweigt. Bei *Stylites* hingegen gehören Wurzelverzweigungen (Dichotomien) zu den Ausnahmen und sind nur hin und wieder an jüngeren Pflanzen festzustellen. Unter dem gesamten Untersuchungsmaterial (mehrere 100 Pflanzen) wurden nur 3 jüngere Exemplare gefunden, an denen eine Wurzel Gabelungen erkennen ließ (Abb. 14, I). Während *Stylites* also die Fähigkeit zur Wurzelverzweigung weitgehend verloren hat, die Sproßachse hingegen sich mehr oder weniger reich dichotom verästeln kann, liegt bei *Isoëtes* das umgekehrte Verhalten vor; bei dieser gehören Sproßgabelungen zu den Ausnahmen. Hinsichtlich der Wurzelverzweigung zeigt *Stylites* vielmehr große Ähnlichkeit zu der aus dem Neokom bekannt gewordenen, in ihrer systematischen Stellung bislang ungeklärten *Nathorstiana arborea*, von der MÄGDEFRAU (1932) schreibt, daß „die bis 20 cm langen Wurzeln stets fast ungeteilt sind und nur in wenigen Fällen eine Dichotomie im jüngsten Drittel mit Sicherheit festzustellen ist" (S. 709). Wie an späterer Stelle (S. 70 ff). noch auszuführen sein wird, bestehen zwischen *Stylites* und *Nathorstiana* ebenso enge morphologische und wohl auch verwandtschaftliche Beziehungen wie zwischen jener und *Isoëtes*.

Die *Stylites*-Wurzeln erreichen eine Länge bis zu 20 (—30) cm und eine Dicke von 3 (—5) mm. Sie sind anfangs von blasser, weißlicher Farbe, verfärben sich aber infolge Kutinisierung der Epidermis sehr bald braun, so daß sie, wie MEYER bereits treffend bemerkt, an Wurzeln einheimischer Orchideen erinnern, „etwa *Cephalanthera*, in Ausmaßen, Biegungen und in der Form der Spitze" (S. 33). Mit diesen stimmen sie auch bezüglich ihrer

Brüchigkeit überein; bei dem geringsten Druck brechen die Wurzeln ab, so daß es schwierig ist, sie unverletzt dem Substrat zu entnehmen.

Wie Abb. 14, I zeigt eilt die Wurzelentwicklung der des Sprosses voraus (s. auch Abb. 8, I) und schon Pflanzen mit noch unentwickelter Achse besitzen Büschel langer, dicker Wurzeln. Meist wachsen diese senkrecht in das Substrat hinein, nicht selten stehen sie auch $\pm$ schräg von der Achse ab und verflechten sich mit denen der Nachbarpflanzen, so daß ein ausgesprochener Wurzelfilz entsteht. Der

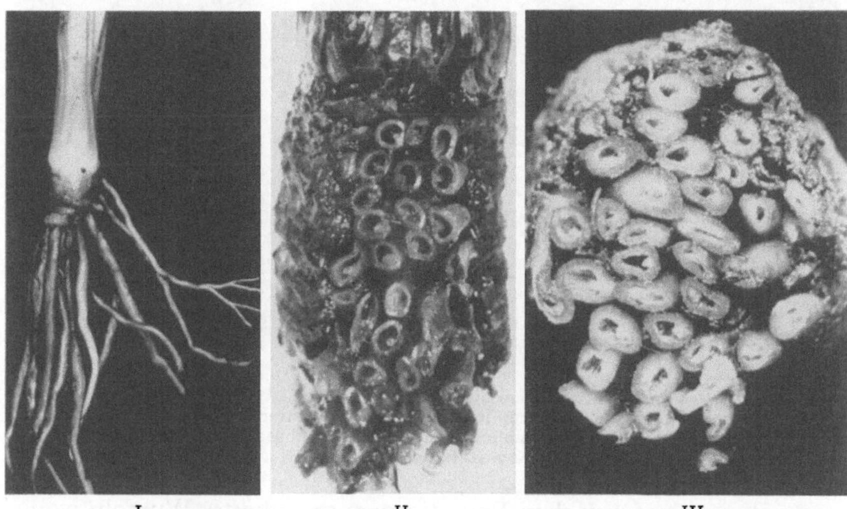

I   II   III

Abb. 14. *Stylites gemmifera.* I Junge Pflanze mit einer dichotom verzweigten Wurzel. II Wurzelzeile in Aufsicht, III im Querschnitt (Wurzeln abgeschnitten)

von *Stylites* gebildete Torf besteht demzufolge auch zum großen Teil aus den Resten abgestorbener Wurzeln.

Den Ausführungen auf S. 22 zufolge werden die Wurzeln in akropetaler Folge angelegt, wobei die Bildung der Wurzelfurche dem fortschreitenden Längenwachstum der Sproßachse folgt. Sie sterben von der Basis her in dem Maße ab, wie sie spitzenwärts neu gebildet werden. Die Anlagen der jüngsten Wurzeln werden bereits wenig unterhalb des Sproßscheitels sichtbar (Abb. 8, III). Sie durchbrechen das Rindengewebe, das dann zwischen den Wurzeln degeneriert, wodurch es zur Bildung der aus Abb. 9 ersichtlichen „Wurzelfurche" kommt.

Wie bei *Isoëtes* läßt sich auch bei *Stylites* eine Gesetzmäßigkeit in der Anordnung der Wurzeln feststellen, indem diese in Längszeilen

auftreten. An jüngeren und an geschwächten älteren Exemplaren
stehen sie nur in einer Reihe; an kräftigen und erstarkten Pflanzen
hingegen finden sich deren 3—5 (meist 3; Abb. 9 und Abb. 14, II
bis III), wobei die Wurzeln der einzelnen Reihen miteinander alter-
nieren. Nach dem Austritt aus der Furche biegen sich diese häufig
etwas nach rückwärts um und legen sich dabei der Sproßachse an,
wie dies aus Abb. 8, II ersichtlich wird. Die Gesetzmäßigkeit der
Wurzelanordnung kann später dadurch gestört werden, daß zwischen ältere Wurzeln sich noch jüngere einschieben.

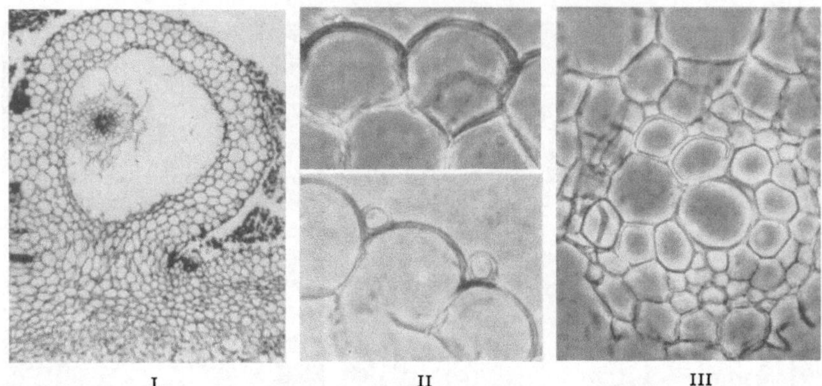

I   II   III

Abb. 15. *Stylites gemmifera.* I Querschnitt durch eine ältere Wurzel nach ihrem Austritt
aus dem Stamm. II Epidermis einer jungen Wurzel (im unteren Bild sind zwei Wurzelhaare quer geschnitten). III Wurzelbündel quer. (II u. III Phasenkontrastaufnahmen nach
Kryostatschnitten) [1]

In ihrem anatomischen Bau stimmen die *Stylites*-Wurzeln weitgehend mit denen von *Isoëtes* überein. Ihre Spitze ist von einer
Haube bedeckt, die an älteren Wurzeln mehrere Lagen großlumiger
Zellen aufweist (Abb. 18; Abb. 19); Wurzelhaare wurden nur höchst
selten gefunden; sie konnten jedoch reichlich an den ersten Wurzeln
der Keimpflanzen von *St. gemmifera* beobachtet werden, die im
wäßrigen Medium zur Keimung gelangt waren (s. Abb. 35, III—V).

Die im Querschnitt runden, abgeflachten oder stumpf-drei-
eckigen Wurzeln (Abb. 9; Abb. 14, III; Abb. 15, I) besitzen eine
relativ großzellige Epidermis mit verdickten und gewölbten Außen-
wänden (Abb. 15, II). Auf diese folgt eine aus 5—6 Lagen dünnwandiger Parenchymzellen bestehende „Außenrinde" (s. S. 38;
Abb. 15, I), während die „Innenrinde" bis auf einen, das Bündel
umgebenden Rest schon frühzeitig degeneriert (s. S. 38; Abb. 15, I).
Die gesamte Wurzel wird deshalb mit Ausnahme der wachsenden

---

[1] Siehe Anmerkung 1 auf S. 46.

Spitze nach ihrem Austritt aus dem Stamm von einem großen Interzellularraum durchzogen. Da, wie bei *Isoëtes* und fossilen Lycopsiden, das Bündel eine exzentrische Lage einnimmt und einseitig der Außenrinde angeheftet ist, weist die ausdifferenzierte Wurzel dorsiventralen Bau auf (Abb. 15, I).

Über den Bau des Wurzelbündels von *Isoëtes* liegen von verschiedenen Autoren recht detaillierte Angaben vor, die ohne weiteres auf *Stylites* übertragen werden können. Es ist von einer deutlichen, mit Casparyschen Streifen[1] versehenen Endodermis (Abb. 15, III; Abb. 16 *E*) umschlossen, monarch und kollateral gebaut und etwas höher differenziert als das der Blätter. Sein Xylem besteht aus einigen Tracheiden und einem endarch gelegenen Protoxylem (Abb. 16 *Px*). Das den Holzteil bogenförmig umgebende und von diesem durch Parenchymzellen getrennte Phloëm ist in der Regel so

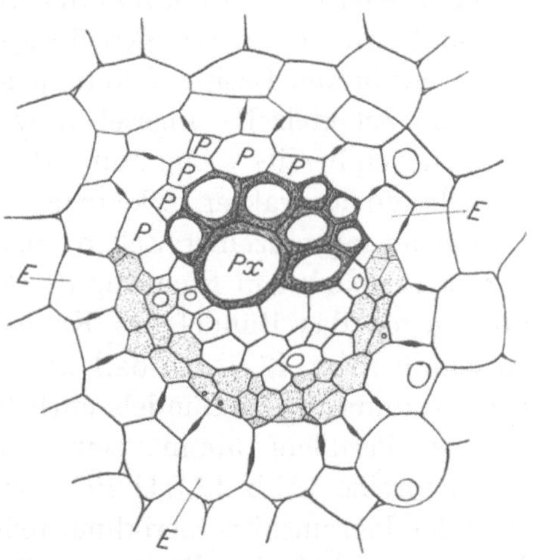

Abb. 16. *Stylites andicola*, Wurzelbündel. *E* Endodermis, *P* Pericykel, *Px* Protoxylem, Phloëmzellen punktiert

orientiert, daß es zum Interzellularraum, das Xylem hingegen zur Wurzelrinde hinweist. Der Pericykel tritt nur wenig in Erscheinung; er fehlt, wie auch STOKEY (1909) für *Isoëtes* festgestellt hat, auf der Phloëmseite, während sich zwischen Xylem und Endodermis einige Zellen einschieben, die als zum Pericykel gehörig angesehen werden können (Abb. 16 *P*).

Hinsichtlich der Bildung und des Wachstums der Wurzeln können wir die von BRUCHMANN (1874) an *Isoëtes* durchgeführten Untersuchungen dem Vergleich mit *Stylites* zugrunde legen.

In Übereinstimmung mit anderen Pteridophyten eilt am Embryo die Blattentwicklung voraus, und die erste Wurzel erscheint etwa gleichzeitig mit der Ausdifferenzierung des Sproßscheitels (Abb. 17, I). Für *Isoëtes lacustris* nimmt BRUCHMANN eine exogene

---

[1] Diese sind nur in dem außerhalb der Sproßachse befindlichen Wurzelabschnitt nachzuweisen.

Entstehung[1] an; für *Stylites* konnte mangels geeigneter Entwicklungsstadien diese Angabe nicht nachgeprüft werden. Auf dem in Abb. 17, I und III wiedergegebenen Keimungsstadium ist die erste Wurzel schon weitgehend fertiggestellt. Eine Scheitelzelle läßt sich jedoch nicht feststellen, vielmehr sind mehrere Histogene nachzuweisen, von denen das Plerom am deutlichsten abzugrenzen ist (Abb. 17, III). Seine Bildung vollzieht sich mittels einer einzigen, durch ihre Größe und Form auffallenden Initialen (Abb. 17, III *Pl*). Sie sitzt, wie bei *Isoëtes*, den übrigen ihr entstammenden Pleromzellen mit breiter Basis auf, kann jedoch nicht, wie dies BRUCHMANN tut, als Scheitelzelle angesehen werden[2]. Die Pleromzellen verlängern sich bereits wenig hinter der Initialen und lassen damit den Initialbündelcharakter erkennen, ohne daß jedoch schon eine Lignifizierung einzelner Zellen einsetzt. Das Procambiumbündel verläuft zunächst in Richtung des Vegetationspunktes, biegt dann aber gegen das Bündel des Keimblattes aus und nimmt hieran Anschluß (Abb. 17, I), so daß wie bei *Isoëtes* der Embryo anfangs eines stammeigenen Bündels entbehrt[3].

Das Periblem nimmt seinen Ursprung von einer einzigen Initialenreihe (Abb. 17, III *Pb*), deren Abkömmlinge sich beiderseits der Pleromspitze periklinal teilen, so daß eine mehrschichtige Rinde entsteht[4]. Die Peribleminitialen werden von einer Zellreihe überdeckt, die zwar gegen das Periblem selbst nicht sehr scharf abgesetzt ist, sich jedoch deutlich von den darüberliegenden Zellen

---

[1] „Eingeleitet wird diese durch eine tangentiale Teilung in der äußersten Zellschicht des dem Stammscheitel gegenüberliegenden Keimendes" (S. 555). BRUCHMANN läßt sich übrigens noch von der irrigen Ansicht leiten, den Embryo von *Isoëtes* nicht den Homorhizophyten, sondern den Allorhizophyten zuzuordnen, indem er sagt: „Die erste Wurzel ist nicht wie bei *Selaginella* eine seitlich aus der Achse entstandene, sondern eine axile oder eine Haupt- oder Pfahlwurzel, im Sinne wie die Phanerogamen" (S. 555). Sie soll aus ihrer ursprünglichen, dem Scheitel opponierten Lage durch die Weiterentwicklung des Fußes herausgedrängt werden.

[2] Nach diesem (1874) wächst das Plerom „im wahrsten Sinne des Wortes mit einer Scheitelzelle" (S. 556). BRUCHMANN vergleicht die Plerominitiale wohl nur ihrer Form wegen mit einer Scheitelzelle, denn auf S. 555 betont er ausdrücklich, „daß keines der Organe von *Isoëtes* mit einer Scheitelzelle wächst".

[3] Auch hierin besteht Übereinstimmung mit *Isoëtes*. Nach BRUCHMANN (1874) zieht „das Plerom sich bis unter den Scheitel des Stammes, an welcher Stelle das Procambium des Keimblattes, einen Bogen hinter der Ligula beschreibend, sich zu ihm gesellt" (S. 556).

[4] Für die erste Wurzel von *Isoëtes* hingegen findet BRUCHMANN (1874) zwei Peribleminitialenreihen, aus denen das äußere und innere Periblem hervorgehen soll.

der noch einschichtigen Wurzelhaube unterscheidet. Da sich diese
Zellreihe in die Rhizodermis verfolgen läßt (Abb. 17, III), gehen

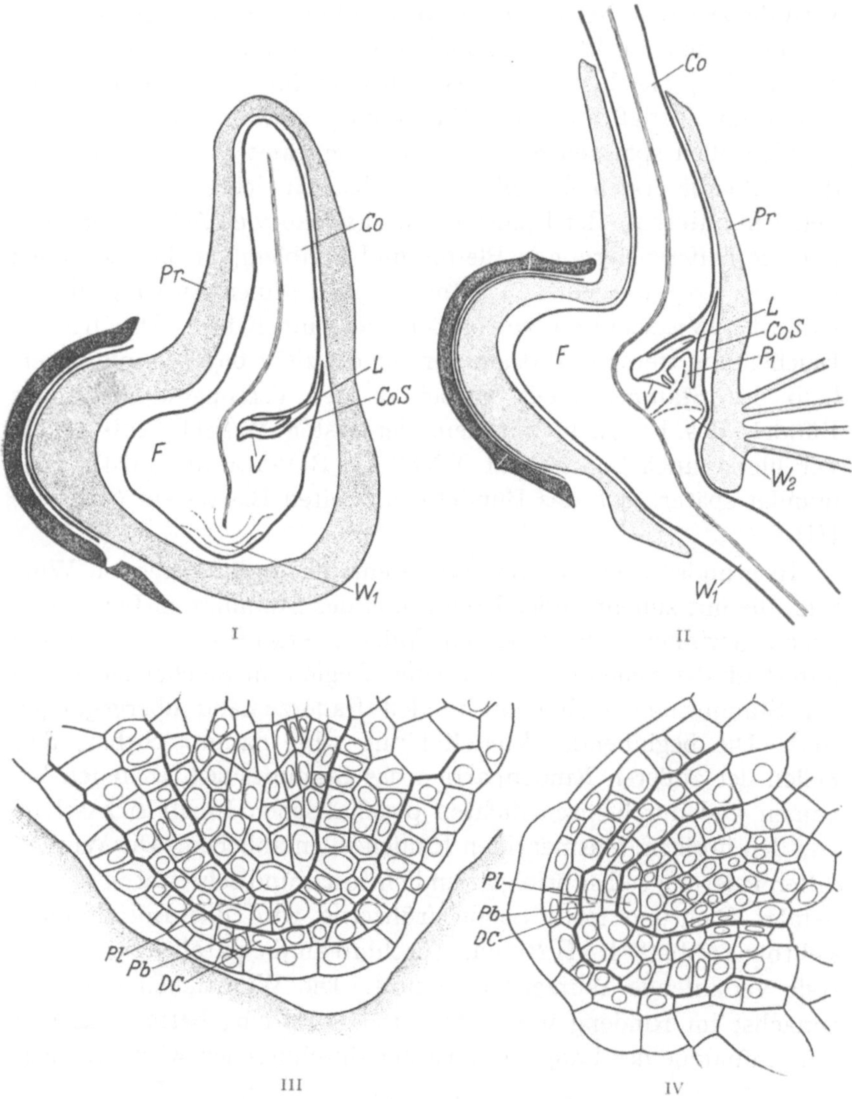

Abb. 17. I—II Längsschnitte durch Keimpflanzen von *Stylites andicola* (I) und *St. gemmifera* (II; dieses Stadium entspricht der Fig. IV in Abb. 35). *Pr* Prothalliumgewebe (locker
punktiert), *Co* Keimblatt, *CoS* dessen scheidige Basis, *L* Ligula, P_1 Primärblatt, *V* Vegetationspunkt, *F* Fuß, *W1* erste, *W2* zweite Wurzel. (Der Leitbündelverlauf ist aus mehreren,
aufeinanderfolgenden Schnitten kombiniert.) III—IV Längsschnitte durch die erste (III)
und zweite (IV) Wurzel der Keimpflanze. *Pl* Plerom-, *Pb* Peribleminitialen, *DC* Dermocalyptrogen; Prothalliumgewebe punktiert

wir nicht fehl in der Annahme, in ihr das von BRUCHMANN als „Kalyptro-Dermatogen"[1] angesprochene Histogen zu sehen.

Hat die erste Wurzel eine Länge von 1—1,5 cm erreicht, dann wird die zweite sichtbar, und zwar dem Fuß gegenüber an der Basis des eben sich ausdifferenzierenden zweiten Blattes (Abb. 17, II). Ihre Bildung gleicht dem von BRUCHMANN für *Isoëtes* geschilderten Verhalten, so daß auf seine Darstellung verwiesen werden kann. Ähnlich allen späteren entsteht auch die zweite Wurzel mesogen, das heißt die ersten Zellteilungen vollziehen sich eine bis mehrere Zellagen unterhalb der Epidermis des hypokotylen Achsenkörpers[2], und die Differenzierung in Plerom und Periblem, das hier wie auch bei allen Folgewurzeln von 2 Initialreihen seinen Ausgang nimmt (Abb. 17, IV), schreitet von außen nach innen fort. Das früh in Erscheinung tretende Procambiumbündel zieht bogenförmig unterhalb des Stammscheitels vorbei zu der Vereinigungsstelle des Bündels des Kotyledo mit dem der ersten Wurzel (Abb. 17, II; vgl. hierzu auch Fig. 26, Taf. XXIV bei BRUCHMANN, 1874). Hier mündet später auch das Bündel des zweiten Blattes ein (Abb. 17, III).

In grundsätzlich gleicher Weise entstehen alle folgenden Wurzeln, die mit zunehmender Erstarkung des Stammes an Länge und Dicke gewinnen. Die jüngsten Anlagen erscheinen schon wenig unterhalb des Scheitels, also in einer Region, in welcher die Zellen der Stammrinde noch nicht in den Dauerzustand übergegangen sind. Die beginnende Wurzelbildung wird daran sichtbar, daß Zellen der äußeren Rindenpartien des Stammes sich zu teilen beginnen und durch ihren dichten plasmatischen Inhalt sich scharf von den übrigen, plasmaarmen Rindenzellen abheben. Die Wurzeldifferenzierung selbst erfolgt ziemlich rasch und schreitet in zentripetaler Richtung fort. Schon frühzeitig wird das Initialbündel sichtbar (Abb. 18, I—II *B*), das Anschluß an die parallel zur Sproßstele verlaufende Wurzelstele nimmt. Die Wurzelanlage ist also zunächst im Rindengewebe (Abb. 18, I—II) eingebettet, das erst mit Aufnahme des Längenwachstums durchbrochen wird. Es liegt

---

[1] Heute als Dermocalyptrogen bezeichnet.

[2] Nach BRUCHMANN nimmt die erste Wurzel ihren Ausgang von einer einzelnen Zelle der „unmittelbar unter der äußersten in die Keimblattscheide aufwärts laufenden Zellreihe" (S. 558). Sie wird von ihm als Proto-Kalyptro-Dermatogenzelle bezeichnet, die sich bald periklinal teilt, von denen „die äußere die erste Kappenzelle der Wurzel darstellt, die innere aber zur Kalyptro-Dermatogenzelle wird" (S. 558/59).

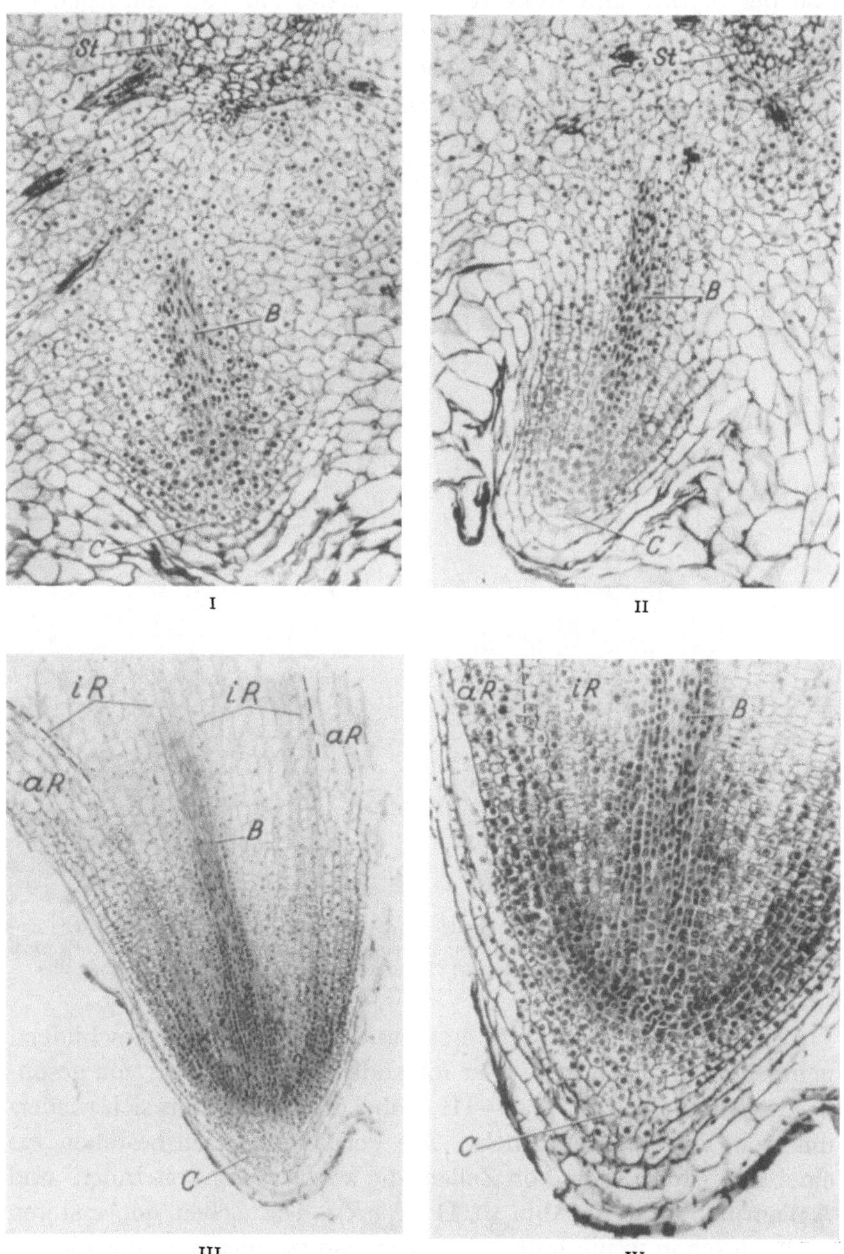

Abb. 18. *Stylites gemmifera*, Wurzelentwicklung. I—II Querschnitte durch junge Achsen mit sich ausdifferenzierender Wurzel. *B* deren Initialbündel, *C* Calyptra, *St* Stele der Achse. III Längsschnitt durch eine ältere Wurzel, deren Apikalregion in IV vergrößert wiedergegeben ist; *iR* Innen-, *aR* Außenrinde

also bei *Stylites* und wohl auch bei *Isoëtes* ein Fall „mesogener" (v. GUTTENBERG, 1940, S. 47) Wurzelentstehung vor. Auch FARMER (1890) weist darauf hin, daß bei *Isoëtes* die Wurzelbildung im „Charakter mehr exogen sei als bei den Farnen".

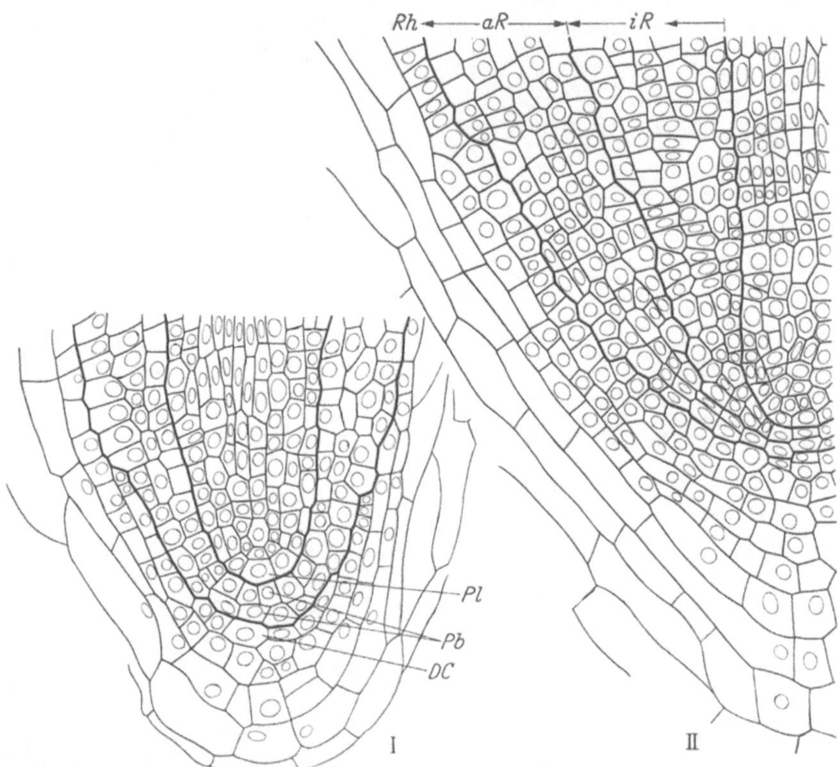

Abb. 19. *Stylites gemmifera.* Längsschnitte durch die Spitzen älterer Wurzeln. Die einzelnen Gewebe sind durch dickere Linien gegeneinander abgegrenzt. *Pl* Plerom-, *Pb* Peribleminitialen. *DC* Dermocalyptrogen; *iR* Innen-, *aR* Außenrinde, *Rh* Rhizodermis

Wie dies bereits für die erste und zweite Wurzel geschildert, nehmen auch die Gewebe aller folgenden ihren Ausgang von gesonderten Initialen (Abb. 19, I—II), wobei die des Pleroms sich wiederum recht auffällig heraushebt. Die Peribleminitialen bestehen aus einer doppelten Reihe von Zellen, die zur Bildung von Innen- und Außenrinde führen (Abb. 19, II *iR, aR*). Die Zellen der ersteren besitzen schon wenig hinter der Wurzelspitze relativ wenig Plasma und erscheinen quer zur Wurzellängsachse gestreckt, während die der Außenrinde plasmareich und von ± isodiametrischer Form sind (Abb. 18, III—IV *iR, aR*). Rhizodermis und Calyptra entstammen einem gemeinsamen Bildungsgewebe, dem Dermocalyptrogen (Abb. 19, I—II).

Im Bereich der Streckungszone treten in der Innenrinde große Interzellularen auf (Abb. 18, III), die schließlich durch nahezu vollstandige Degeneration des Gewebes zu einem gemeinsamen Hohlraum sich vereinigen. Das im Spitzenbereich der Wurzel zentral gelegene Procambiumbündel nimmt dabei die bereits erwähnte exzentrische Lage an, die das ausdifferenzierte Bündel auch späterhin beibehält (Abb. 15, I).

So sehr auch Entstehung, Wachstum und Anatomie der Wurzeln von *Stylites* mit den Verhältnissen von *Isoëtes* übereinstimmen, so sehr weichen die eingangs geschilderten morphologischen Verhältnisse der Wurzeln beider Gattungen voneinander ab.

d) Das Blatt

Wie schon einleitend erwähnt, stehen die lanzettlichen, aufgerichteten Blätter dicht gedrängt in einer bis 5 cm Durchmesser erreichenden Rosette zusammen. An besonders kräftigen Exemplaren wurden bis zu 150 lebende Blätter gezählt; nur deren zurückgekrümmte, pfriemliche Spitzen sind dem Licht ausgesetzt und deshalb intensiv grün, während der gesamte übrige Abschnitt bleich und frei von Chloroplasten ist. Im Vergleich zu *Isoëtes*, bei der die Blätter nur an der Basis im Bereich der Ligula und des Sporangiums beiderseits flügelartig verbreitert sind, setzt bei *Stylites* die Bildung häutiger, durchscheinender Flügel bereits wenig unterhalb des Spitzenabschnittes ein (Abb. 3). Ihre größte Breite (etwa 0,2—0,4 cm) erreichen diese in der Blattmitte, um sich gegen die Basis hin zu verschmälern (Abb. 3). Hinsichtlich der Größenverhältnisse der Blätter bestehen gewisse Unterschiede zwischen *St. andicola* und *St. gemmifera*. Bei der ersteren erreichen diese eine durchschnittliche Länge von 5—7 cm bei einer Breite von 1—1,2 cm, während die von *St. gemmifera* nur 4—5 cm lang werden (Abb. 3). Auch zwischen fertilen und sterilen Blättern sind geringe Verschiedenheiten festzustellen, die darin zum Ausdruck kommen, daß bei den letzteren die Breitenentwicklung der Flügel gehemmt ist, so daß die Trophophylle wesentlich schmäler sind (Abb. 3; s. auch Fig. 5 und 6 bei MEYER, 1958).

Etwa 1—2,5 cm (je nach Größe des Blattes) vom Blattgrund entfernt, findet sich die bis 4 mm lange und am Rande leicht ausgefranste Ligula. Nicht selten wurden Blätter mit 2 übereinanderstehenden

Ligulae beobachtet (Abb. 25, II); über Bau und Entwicklung derselben wird auf S. 49 berichtet.

Das Blatt selbst wird in Übereinstimmung mit *Isoëtes* von einem unverzweigten Nerven durchzogen, mit dem die Ligula nicht in Verbindung steht. Im Bereich des chloroplastenfreien Abschnittes treten im durchfallenden Licht deutlich die die 4 Luftkanäle unterteilenden Diaphragmen hervor.

Zur Blattstellung von *Stylites*

In jeder Vegetationsperiode werden zahlreiche neue Blätter gebildet, von denen die jüngsten der Mitte einer $\pm$ tiefen Scheitelgrube inseriert sind und die ältesten nach außen hin allmählich absterben. Führt man Querschnitte durch die Rosetten, so stellt man, besonders an älteren Pflanzen, nicht selten eine exzentrische Lage der jüngsten Primordien und damit des Scheitels fest, bedingt durch ein ungleichseitiges Dickenwachstum der Sproßachse. Auf der der Wurzelzeile abgewandten Achsenseite wird im Verlauf des Dickenwachstums mehr Gewebe produziert, so daß die Scheitelgrube eine asymmetrische Ausbildung erfährt (Abb. 8, III), wodurch die bereits auf S. 22 erwähnte Dorsiventralität der Achse zustande kommt. Die der Wurzelfurche gegenüberliegende Seite zeichnet sich deshalb infolge größerer Ansatzfläche durch den Besitz einer höheren Anzahl von Blättern aus.

Der Versuch einer Analyse der Phyllotaxis bei der Anlegung der Blattprimordien läßt aus den oben geschilderten anatomisch-morphologischen Gegebenheiten des Sprosses (exzentrische Lage des Vegetationspunktes, Verlagerung desselben in eine Scheitelgrube und Dorsiventralität der Achse) von vornherein eine Beeinträchtigung durch überlagernde sekundäre Wachstumsvorgänge erwarten. Dennoch sind bestimmte Gesetzmäßigkeiten der Blattanordnung zu erkennen, die den Parastichen-(Kontakt)-Zahlen einer Fibonaccireihe entsprechen. Bevor näher hierauf eingegangen wird, sei kurz auf die Blattstellung von *Isoëtes* hingewiesen:

Es ist bereits seit Hofmeister[1] (1868) bekannt, ,,daß bei *Isoëtes lacustris* die ersten 10—12 Blätter der Keimpflanze genau zweizeilig stehen; dann tritt schief vierzeilige Anordnung der Blätter ein" (S. 485). Nach West und Takeda (1915) soll an biloben Knollen von *I. lacustris* "the distichous arrangement gradually passing over into spiral of increasing complexity, viz. $^1/_3$, $^2/_5$, $^3/_8$, $^5/_{13}$, until finally

---

[1] W. Hofmeister, Allgemeine Morphologie der Gewächse, Leipzig, 1868.

an $^8/_{21}$ phyllotaxis is attained" (S. 359); für *I. japonica* geben die gleichen Verf. eine $^5/_{13}$ Blattstellung an, "but we were unable to determine the complicated phyllotaxis of older plants with any degree of accuracy" (S. 359). A. Braun (1847) weist auf die komplizierte Blattstellung alter Stöcke von *I. lacustris* hin: „Die 5-, 8- und auch die 13-zähligen Nebenzeilen sind deutlich schief,

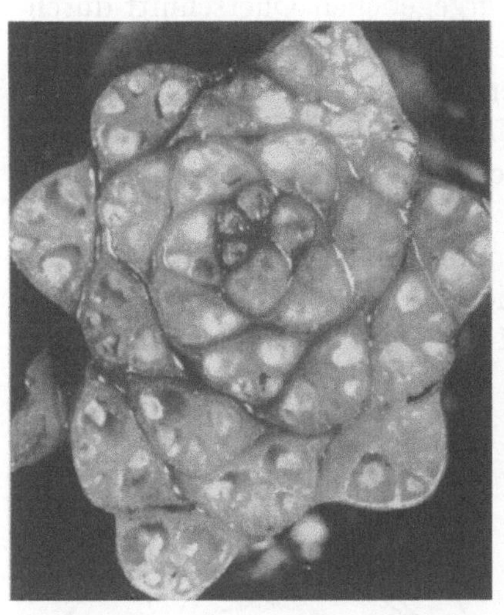
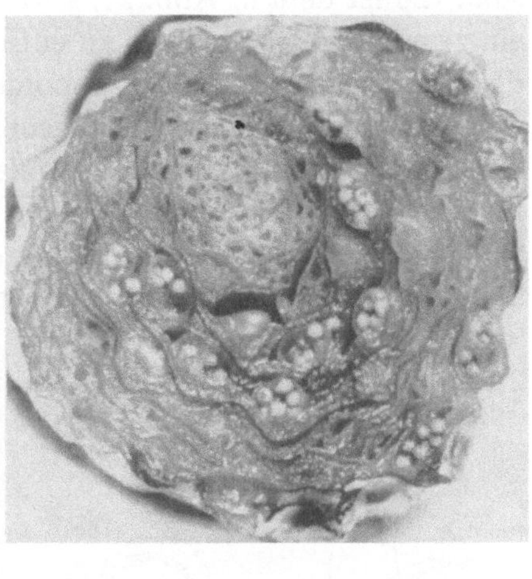

I   II

Abb. 20. I *Stylites gemmifera*, II *St. andicola*, Querschnitte durch Rosetten, die exzentrische Lage des Vegetationspunktes und die asymmetrische Verteilung der Sporophylle zeigend (II). Die Wurzelzeile ist in beiden Figuren oben zu denken. (I nach lebendem, II nach konserviertem Material, I nat. Gr. ⌀ 1,5 cm; II nat. Gr. ⌀ 3 cm)

während die 21-zähligen senkrecht zu sein scheinen, also $^8/_{21}$ Stellung oder vielleicht noch eine höhere" (S. 34).

Nach Troll (1941) steht die Blattstellung von *Isoëtes* in enger Abhängigkeit zur Symmetrie des Stammes. „Solange Orthodistichie herrscht, decken sich die Blattzeilen mit den Achsenfortsätzen. An älteren, bereits dispergiert beblätterten Pflanzen tritt eine ‚Scharung' der Blätter ein, dergestalt, daß die Mehrzahl der Blattinsertionen auf die zwei oder drei Stammprotuberanzen zu liegen kommt" (S. 2221 und dort Abb. 1890, IV). Nach Goebel (1930) soll für *Isoëtes* Zweizeiligkeit als Ausgangsstellung nur für die Arten mit 2-lappigem Achsenkörper in Frage kommen; für Keimpflanzen der 3-lappigen Formen vermutete er, daß diese zu Beginn tristich beblättert seien, eine Ansicht, die durch Weber (1921) widerlegt worden ist. Da also die Blattstellung von *Isoëtes* noch immer problematisch ist, wird Dr. SENGHAS in seiner Arbeit hierüber gesondert berichten.

Unsere Untersuchungen über die Blattanordnung von *Stylites*[1] haben nun zu folgenden Ergebnissen geführt: Abweichend von *Isoëtes* läßt sich ein rein distich beblättertes Jugendstadium nicht nachweisen. Schon Keimpflanzen zeigen die Tendenz zur Dispersion. So ist dem in Abb. 21, I wiedergegebenen Querschnitt durch ein zweiblättriges Stadium zu entnehmen, daß das Primärblatt (P_1) dem Kotyledo nicht genau opponiert ist. An älteren Pflanzen sind die Blätter in Parastichen angeordnet, deren Anzahl sich mit zunehmender Erstarkung des Sproßscheitels erhöht, worin auch eine für viele andere Pflanzen mit spiraliger Blattstellung geltende Gesetzmäßigkeit zum Ausdruck kommt. So läßt der in Abb. 21, II abgebildete Querschnitt die Parastichen 1 und 2 mit den Kontaktzahlen 1 und 2 erkennen; für Fig. III gelten die Parastichenzahlen 2 und 3, für Fig. IV 2, 3 und 5.

[1] Die Ergebnisse beziehen sich auf *St. gemmifera*, von der in genügender Anzahl Jungpflanzen zur Verfügung standen. Es ist jedoch anzunehmen, daß *St. andicola* die gleichen Verhältnisse aufweist.

Querschnitte durch Rosetten fertiler Pflanzen mit mehr als 100 Blättern (Abb. 21, V) zeigen in Scheitelnähe meist die 3- und 5-Kontakte. Bei Verfolgung der Kontaktparastichen nach außen ergibt sich jedoch eine Änderung des Systems derart, daß im mittleren Rosettenbereich 5- und 8-Kontakte auftreten, während nach außen fortschreitend eine Erhöhung der Kontaktzahlen auf 8 und 13 erfolgt (Abb. 21, V). Möglicherweise findet dieses eigenartige Verhalten seine Erklärung in der Ausbildung der Scheitelgrube. Der

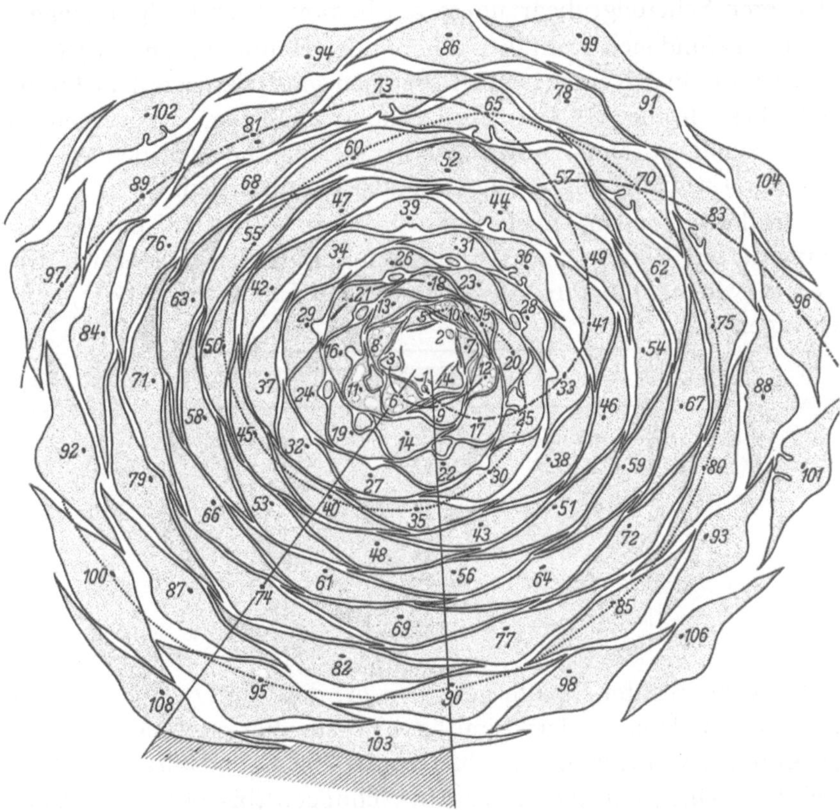

Abb. 21: V

Abb. 21. Querschnitte durch die Rosetten verschieden alter Pflanzen von *Stylites gemmifera* (I—IV). Die Blätter sind nach dem Verlauf der Grundspirale numeriert. I Keimpflanze; *Pr* das die Basis des Kotyledos *Co* umgebende Prothalliengewebe. P_1 Primärblatt; II Kontaktzahlen *1* und *2*. Parastichenkurve für *1* dünn, für *2* dick gestrichelt; III Kontaktzahlen *2* und *3*. Für jede Parastiche ist eine Kurve eingetragen: für *2* (beginnend bei *2*) -----, für *3* (beginnend bei *1*) ———; IV Kontaktzahlen *2*, *3* und *5*; Parastichenkurve für *2* (beginnend bei *1*) ------; für *3* (beginnend bei *1*) ———, für *5* (beginnend bei *11*) ...... (I—IV bei gleicher Vergr.) *V* Querschnitt durch eine alte Rosette von *St. andicola* mit den Blättern *1—108* und den Kontaktzahlen *3*, *5*, *8* und *13*. Je eine Parastichenkurve ist eingezeichnet. Für Kontaktzahl *3* (beginnend bei *3*) ———, für *5* (beginnend bei *5*) ....., für *8* (beginnend bei *1*) — · — · —, für *13* (beginnend bei *57*) — ··· — ····. Nähere Erläuterungen im Text. (*V* stärker verkl. als I—IV)

Kreiskegel, dem die Blätter aufsitzen und der am Achsenscheitel auf der Spitze steht, verändert nach der Peripherie der Rosette hin kontinuierlich seinen Neigungswinkel, wird nach den Rändern der Grube zu stetig flacher, um schließlich in einen Kegel mit abwärts geneigter Mantelfläche überzugehen (s. Abb. 8, III). Da nach Iterson (1907, S. 255) einer Abnahme der Steilheit der Kreiskegelfläche ein höheres, einer Zunahme ein niedrigeres Kontaktsystem korreliert ist, läßt sich die Erhöhung der Kontaktzahlen nach den flacheren Scheitelgrubenrändern hin hieraus theoretisch verstehen.

Die gefundenen Kontakte gehören der Haupt-(Fibonacci-)Reihe an, womit ein Divergenzwinkel bestehen muß, der sich dem Limitwert dieser Reihe (137,5°) nähert. Eine Ausmessung der Divergenzen zeigt zunächst stark abweichende Werte, die sich jedoch bei näherer Untersuchung als gesetzmäßig herausstellen.

In der folgenden Tabelle sind für die in Abb. 21, V mit 50—59 numerierten Blätter der genetischen Spirale die gemessenen Divergenzwinkel und ihre Abweichung vom Limitwert (137,5°) eingetragen:

Blatt-Nr.	Divergenz-winkel (°)	Abweichung vom Limitwert (°)
50—51	127	− 10,5
51—52	137	− 0,5
52—53	142	+ 4,5
53—54	134	− 3,5
54—55	151	+ 13,5
55—56	125	− 12,5
56—57	140	+ 2,5
57—58	148	+ 10,5
58—59	130	− 7,5

Aus der rechten Spalte geht hervor, daß die Divergenzwinkel teils über, teils unter dem Limitwert liegen. Verfolgt man auf dem in Abb. 21, V abgebildeten Querschnitt die Grundspirale, so läßt sich feststellen, daß die Minus-Abweichungen (bis 112° Divergenzwinkel) in jenen Bezirk der Rosette fallen, in welchem die genetische Spirale den durch Schraffur hervorgehobenen Abschnitt durchläuft, während im übrigen Bereich der Rosette der Limitwert oft erheblich (bis 166° Divergenzwinkel) überschritten wird.

Führen wir durch die gleiche Rosette etwas höher Querschnitte, auf denen die Sporangien getroffen werden, so fällt auf, daß diese allein in dem in Abb. 21, V nach oben weisenden und dem schraffierten entgegengesetzten Bereich zur Ausbildung gelangen (vgl.

hierzu Abb. 27, I). Wie an späterer Stelle (S. 54 ff.) noch auszuführen sein wird, treten die Sporophylle nämlich bevorzugt auf der der Wurzelzeile abgewandten und im Dickenwachstum geförderten Seite des Stammes auf. Errechnet man nun aus den einzelnen Divergenzen zwischen Blatt 1—100 den Mittelwert, so ergibt sich ein Winkel von 138,4° ($\pm$11°), ein Wert, der der theoretischen Limitdivergenz sehr nahe kommt. Offenbar besteht die Tendenz, die durch Sekundärvorgänge bedingte Überschreitung des Limitwinkels durch nachfolgende Verminderung der Divergenz wieder auf den Grenzwert zu kompensieren. Bei Rosetten mit exzentrisch liegendem Scheitel sind die geschilderten Verhältnisse noch ausgeprägter. Durch die Abweichung der Ansatzfläche der Blattorgane von der für die theoretische Konstruktion zugrunde gelegten Kreiskegelfläche tritt eine starke Streuung der Divergenzwinkel um die (theoretische) Limitdivergenz auf, wobei das Kontaktsystem selbst jedoch erhalten bleibt.

Der Versuch einer Konstruktion von Orthostichen ergibt selbst bei den 34er Zeilen noch eine schwache Krümmung, ein Beweis mehr gegen die Schimper-Braunsche Blattstellungskonzeption (vgl. auch Snow, 1955). Übrigens ist auch West und Takeda (1915) für *Isoëtes* eine solche nicht gelungen, so daß von keinem Untersucher eine „exakte" Blattstellung für diese Pflanze im Sinne von Schimper-Braun angegeben werden kann.

Ergänzend sei mitgeteilt, daß einige junge, besonders stark exzentrische Rosetten abweichende Kontakte aufweisen, die nicht der Hauptreihe anzugehören scheinen (Abb. 20, I). Diesem bemerkenswerten Befund konnte jedoch infolge der schwierigen Materialbeschaffung nicht im notwendigen Umfange nachgegangen werden.

Zur Anatomie der Blätter

Obwohl *Stylites* eine vorwiegend terrestrische Lebensweise besitzt und die Blattspitzen während des größten Teils des Jahres aus dem Substrat herausragen, zeigen die Blätter in ihrem Bau dennoch die für Wasser- und Sumpfpflanzen typischen Merkmale. Sie sind vor allem in dem Vorhandensein großer, durch Diaphragmen unterbrochener Luftkanäle gegeben, die sich bis in die Blattspitze hinein erstrecken. Diese weist einen fast runden oder oberseits leicht abgeflachten Querschnitt auf (Abb. 22, I und III). Das aus abgerundeten, im frischen Zustand relativ dickwandigen Zellen bestehende Assimilationsparenchym wird von einer kleinzelligen,

chloroplastenführenden Epidermis abgeschlossen, deren Außen-
wände mit einer recht dicken Kutikula versehen sind, die zwischen
den einzelnen Epidermiszellen zapfenartig nach innen vorspringt

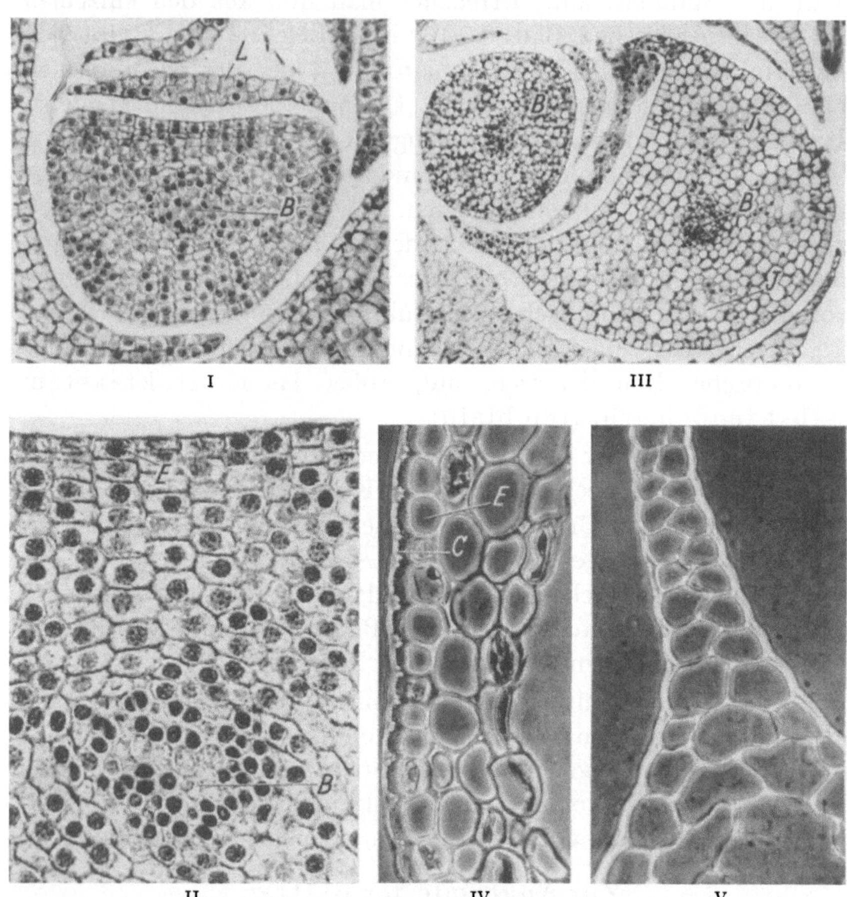

I   III

II   IV   V

Abb. 22. *Stylites gemmifera*. I Querschnitt durch die Spitze eines Primordiums; ein
Ausschnitt der Oberseite desselben ist in II wiedergegeben; III Querschnitt durch ein
etwas älteres Blatt im Bereich der Flügel; IV Querschnitt durch das Gewebe der Blattspitze stark vergrößert; V Querschnitt durch den Blattflügel; *E* Epidermis, *C* Cuticula,
B Initialbündel, *L* Ligula (IV—V Phasenkontrastaufnahmen nach Kryostatschnitten)

(Abb. 22, IV)[1]. In der Blattmitte und gegen den Blattgrund zu
ist die Kutikula nur mehr gering entwickelt.

---

[1] An fixiertem Material läßt sich die Ausbildung der Kutikula in dieser
Form nicht nachweisen. Zur Feststellung von Zellstrukturen ist die Gefrier-
mikrotomie der Paraffinmethode zweifelsohne überlegen. Zum Gefrier-
schneiden wurde der von DUSPIVA-DITTES entwickelte Kryostat benutzt.

Spaltöffnungen, wie sie sonst bei terrestrischen *Isoëtes*-Arten die Regel sind, scheinen bei *Stylites* völlig zu fehlen. Weder MEYER (1958), noch Verff. konnten an dem untersuchten Material Stomata feststellen. Wenn überhaupt solche vorhanden sind, müssen diese in sehr geringer Anzahl auftreten[1].

Das Mesophyll wird von 4 großen Luftkanälen durchzogen. Während diese in der Blattspitze von annähernd gleicher Größe sind, zeigen die zur Oberseite weisenden im Bereich der Blattmitte einen wesentlich größeren Durchmesser als die beiden unterseitigen (Abb. 21, IV). Wie FARMER (1890) und SMITH (1900) für *Isoëtes* nachgewiesen haben, entstehen die Kanäle durch Auflösung bestimmter Zellgruppen, die am jungen Blatt schon frühzeitig in Erscheinung treten (Abb. 22, III). Ein besonderes hypodermales, von SCOTT und HILL (1900) für *Isoëtes hystrix* erwähntes Festigungsgewebe fehlt den Blättern von *Stylites*.

Die Blattflügel, die als Ausdruck gesteigerten Randwachstums der Spreite aufzufassen sind, bestehen aus 2 Zellagen (Abb. 22, V), nur der äußerste Saum des Flügels ist einschichtig.

Ziemlich genau in der Blattmitte[2] (Abb. 22, I—III) findet sich das einzige kollaterale Bündel, das zwar eine etwas geringere Differenzierung als das Wurzelbündel aufweist, in seinem Bau aber mit diesem und auch mit den Blattbündeln der bisher untersuchten *Isoëtes*-Arten im wesentlichen übereinstimmt. Ein Querschnitt durch das Bündel der mittleren Blattregion (Abb. 23, II) gibt über dessen Bau Aufschluß: Das zur Blattoberseite hinweisende Xylem besteht aus Tracheiden und Parenchym. Etwa in der Mitte des Bündels liegt der große Protoxylemkanal (Px), der dadurch zustande kommt, daß die Protoxylemelemente frühzeitig degenerieren. Dieser wird von strahlig angeordneten Zellen umgeben (Abb. 23, I—II), die in ihrer Gesamtheit von WEST und TAKEDA (1915) bei *Isoëtes* als „Pseudoendodermis" bezeichnet werden. Das Metaxylem wird von wenigen Ring- und Spiraltracheiden gebildet, die auf die adaxiale Bündelseite lokalisiert sind. Gegen die Ligularegion und Blattbasis hin erfolgt eine Erhöhung (Abb. 23, IV—VI), gegen die Blattspitze hingegen eine Verminderung der Anzahl der Metaxylem-Elemente (Abb. 23, II—III) und in der Spitzenregion selbst findet sich nur noch der Protoxylemkanal (Abb. 23, I).

---

[1] Das Fehlen von Spaltöffnungen ist an sich merkwürdig, denn auch einige amphibische *Isoëtes*-Arten besitzen solche.

[2] Unterhalb der Ligula ist das Bündel zur Blattoberseite hin verschoben.

Das Phloëm ist auf die abaxiale Seite des Bündels beschränkt und umgibt halbkreisförmig den Holzteil entweder in einem geschlossenen oder in zwei voneinander getrennten Bögen (Abb. 23, I *Ph*), wie dies auch für *Isoëtes* angegeben wird. An Kryostat-Gefrierschnitten hebt sich der Siebteil deutlich durch die stark verdickten Wände seiner Zellen ab, so daß man anfangs geneigt ist,

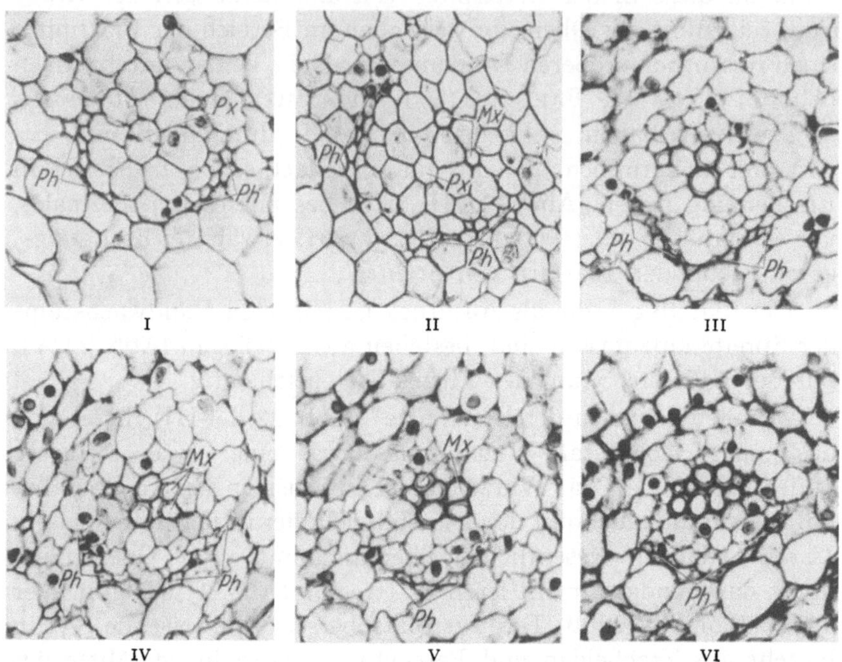

Abb. 23. *Stylites andicola*, Blattbündelquerschnitte in verschiedener Höhe einunddesselben Blattes. I Blattspitze, II Mitte des supraligulären Abschnittes, III wenig oberhalb der Ligula, IV—V im Bereich der Ligula, VI unterhalb derselben; *Px* Protoxylemkanal, *Mx* Metaxylem, *Ph* Phloëm

diesen für eine Sklerenchymscheide zu halten (Abb. 23, I); an mit Fast Green-Safranin gefärbten Paraffinschnitten ist der Phloëmanteil leicht an seiner intensiv grünen Färbung kenntlich.

Im Gegensatz zum Xylem läßt sich eine spitzenwärtige Verringerung der Anzahl der Phloëmelemente kaum feststellen. Es ist über die gesamte Länge des Blattes ziemlich gleichmäßig entwickelt und bildet im Spitzenbereich meist 2 getrennte (Abb. 23, I), von der Blattmitte an aber einen geschlossenen Bogen (Abb. 23, III—VI). Über den Bau der Blattspuren, sowie den Anschluß an die Sproßstele wird im 2. Teil der Arbeit berichtet.

Bau und Entwicklung der Ligula

Auch hinsichtlich der Entwicklung und des Baues der Ligula bestehen große Ähnlichkeiten mit den bisher untersuchten *Isoëtes*-Arten. Wie bei diesen erscheint sie schon an ganz jungen Primordien und nimmt ihren Ausgang von einer einzigen Dermatogenzelle der Primordienbasis, die sich von den übrigen durch ihren dichten plasmatischen Inhalt abhebt (Abb. 24, I). Sie wächst schnell zu beachtlicher Größe heran und teilt sich durch Einziehung einer Querwand in 2 Tochterzellen (Abb. 24, II). Von diesen erfährt die obere (Abb. 24, II *S*) bald weitere Teilungen und liefert die dem Längenwachstum des Primordiums vorauseilende Ligulaspreite (Abb. 24, II—III), welche sich schützend über jenes legt, während die Basalzelle (Abb. 24, II *F*) sich zunächst antiklinal teilt (Abb. 24, III) und die Anlage für den späteren Ligulafuß, das Glossopodium, darstellt. Im Gegensatz zur Ligulaspreite, die in ihren basalen Abschnitten bald mehrschichtig (Abb. 22, I; Abb. 24, IV) wird, entwickelt sich dieses relativ langsam, und wird schon frühzeitig von einem Auswuchs der Blattoberseite, von A. BRAUN (1846) bei *Isoëtes* als „Labium" bezeichnet, umwachsen (Abb. 24, V *La*). Dadurch wird das Glossopodium in eine Grube verlagert. Den Figuren III—IV der Abb. 25 zufolge ist dieses an der ausgewachsenen Ligula kein einheitliches Gebilde, sondern wird durch einen Gewebevorsprung der Ligulagrube in zwei „knollenförmige" Lappen geteilt, die durch die Ligulalamina miteinander verbunden sind (Abb. 25, III—IV). Auch hierin besteht Übereinstimmung mit *Isoëtes*. Die Glossopodiumzellen selbst sind, wie dies WEST und TAKEDA (1915) auch für *I. japonica* beschreiben, relativ groß und plasmaarm, die an das Glossopodiumgewebe angrenzenden, $\pm$ isodiametrischen Scheidenzellen hingegen plasmareich; die des Labiums sind langgestreckt und bilden sich zum Teil zu Kurztracheiden um, ohne jedoch Anschluß an das Blattbündel zu nehmen (Abb. 25, I). Ihre Funktion ist wie die der Ligula überhaupt umstritten. Nach WEST und TAKEDA (1913) ist diese "probably not water-conduction, but water storage. However, since these cells are also present in *I. lacustris* which is practically always submerged, it is possible that their original function has been lost" (S. 365). Es ist anzunehmen, daß auch die Labium-Kurztracheiden von *Stylites* die gleiche Funktion wie bei den terrestrischen *Isoëtes*-Arten ausüben, das heißt atmosphärisches Wasser (Regen oder Tau) aufzunehmen vermögen.

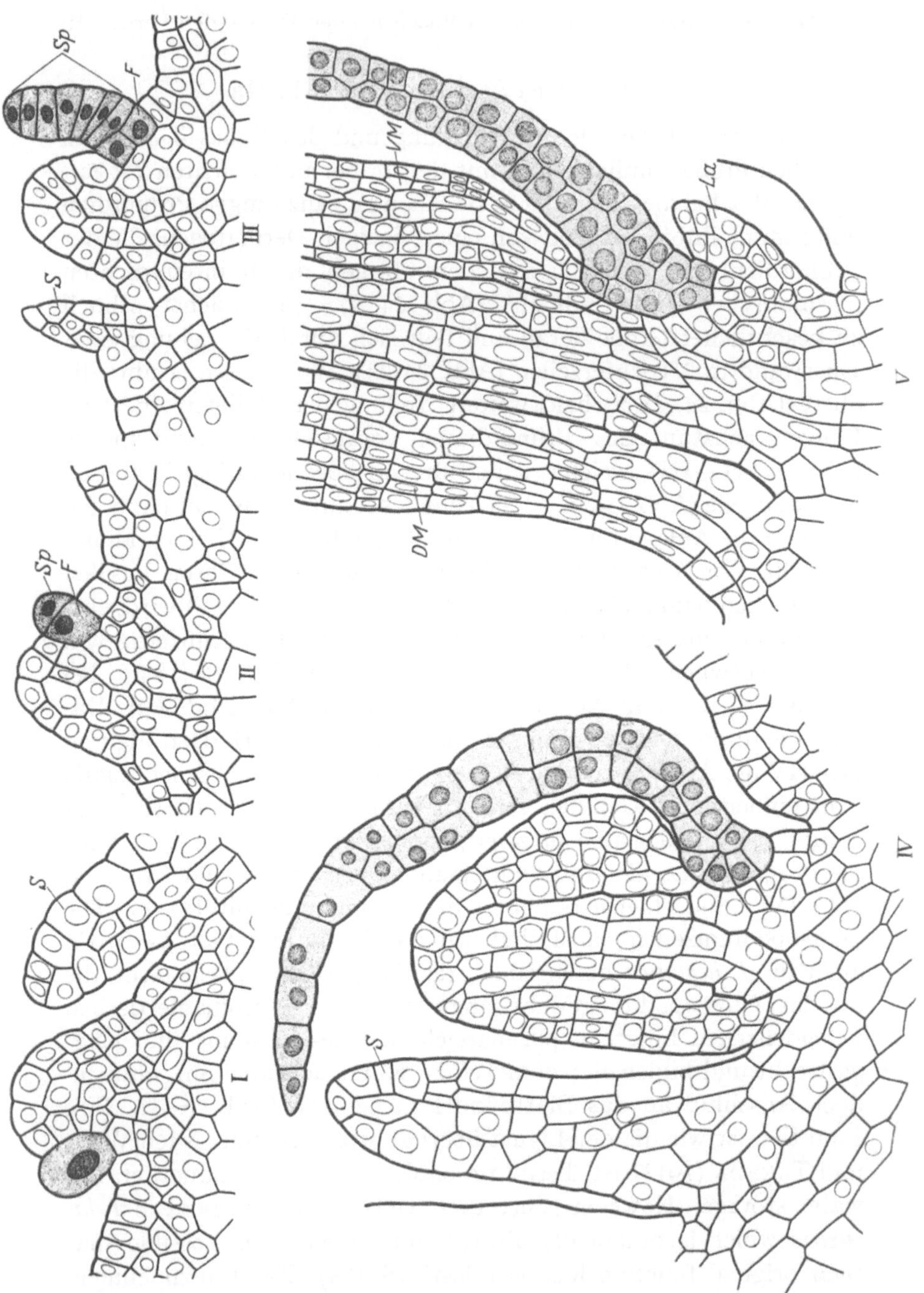

Abb. 24. *Stylites gemmifera*, Ligula- und Blattentwicklung (Ligulazellen durch Punktierung hervorgehoben). *Sp* Ligulaspreite, *F* deren Fuß, *La* Labium; *S* Scheide des älteren, das Primordium umgreifenden Blattes; Procambiumbündel der Primordien durch dickere Linien abgegrenzt; *DM* und *VM* die das Dickenwachstum des Primordiums bewirkenden Ventral- und Dorsalmeristeme. (Alle Fig. bei gleicher Vergr.)

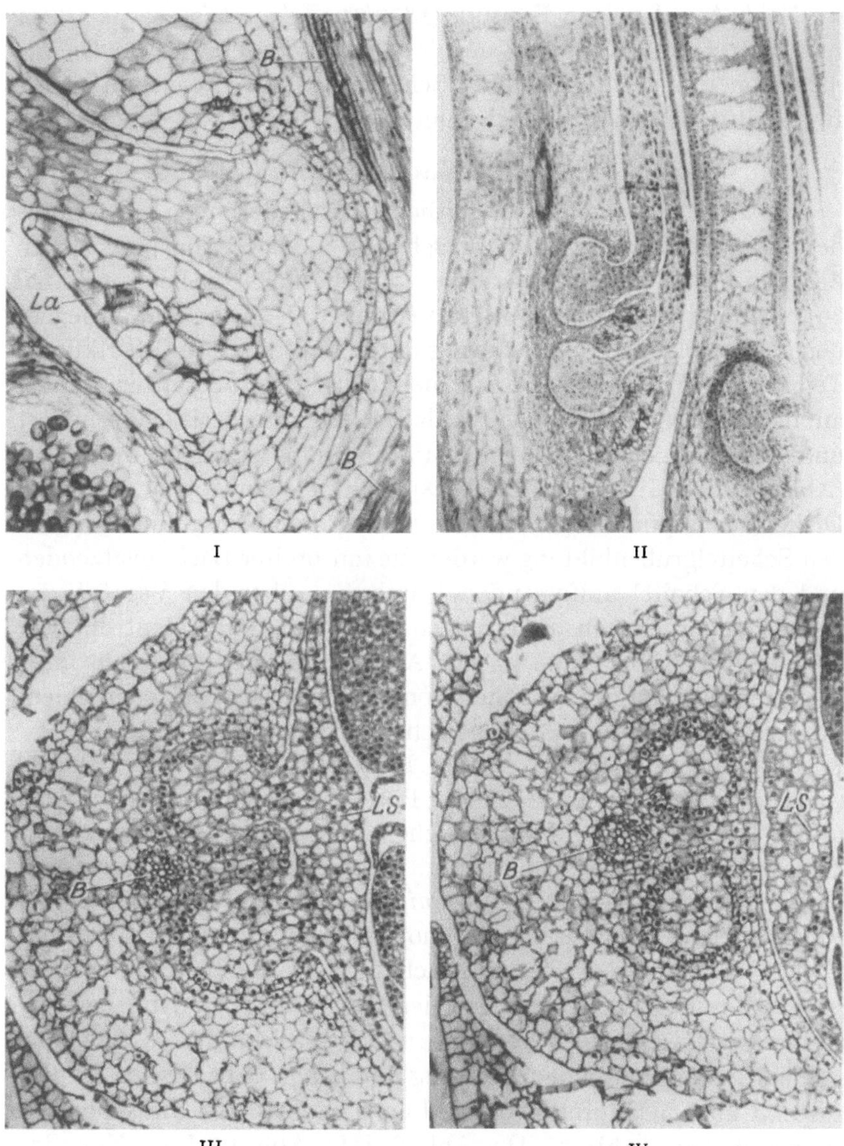

Abb. 25. *Stylites andicola*. I Längsschnitt durch den Ligulafuß; *B* Blattbündel, *La* Labium;
II Längsschnitt durch ein Blatt mit 2 Ligulae; III—IV in verschiedener Höhe geführte
Querschnitte durch den Ligulafuß; *LS* Ligulaspreite

Die eigentliche Ligulaspreite ist in ihrem mittleren Bereich mehrschichtig (ca. 6 Zellschichten dick); gegen den Rand und die Spitze
zu aber wird sie einschichtig (Abb. 24, IV).

Nach Angaben von FARMER (1890/91, *I. lacustris*), sowie SCOTT und HILL (1900, *I. hystrix*) und WEST und TAKEDA (1913, *I. japonica*) sondern die Ligulazellen Schleim ab, eine Erscheinung, die für *Stylites* bestätigt werden kann.

Entstehung und Wachstum der Blätter

Die Blätter entstehen als seitliche Ausgliederungen am Grunde des bei alten Pflanzen recht ansehnlichen Vegetationspunktes[1] in der Weise, daß sich eine Gruppe von Oberflächenzellen antiklinal zu teilen und aufzuwölben beginnt (Abb. 26, I). Die darunterliegenden Zellen folgen der Aufwölbung durch antiklinale und periklinale Teilungen, so daß sich kleine, mehrzellige Protuberanzen bilden, auf deren adaxialer Seite die Ligula sich schon frühzeitig ausgliedert und dem Längenwachstum des Primordiums zunächst vorauseilt (Abb. 24, I—III, s. auch S. 48). Infolge kräftigen primären Dickenwachstums des Stammes und der damit zusammenhängenden Scheitelgrubenbildung werden die mit breiter Basis ansitzenden und den Scheitel umfassenden Primordien über den Vegetationspunkt emporgehoben und neigen sich gegen das Zentrum der Scheitelgrube hin (Abb. 10, II; Abb. 8, III). Hinsichtlich ihrer Weiterentwicklung ist, wie auch sonst bei Blättern, zwischen einem Längen-, Dicken- und Breitenwachstum zu unterscheiden.

Besonders ausgeprägt ist, der Blattform zufolge, das Längenwachstum, das sich in mehreren Phasen vollzieht, wobei quantitative Unterschiede einmal zwischen Tropho- und Sporophyllen, zum andern zwischen den Blättern erstarkter Pflanzen und denen junger Brutsprosse von *St. gemmifera* bestehen. Geschildert sei zunächst das Verhalten der Trophophyllprimordien alter Pflanzen.

Die erste Phase des Längenwachstums ist durch eine Verlängerung des unterhalb der Ligula gelegenen Blattabschnittes gekennzeichnet. Dessen Zellen vergrößern sich stark, strecken sich vorwiegend in longitudinaler Richtung und gehen dabei in den Dauerzustand über. Dadurch wird die Ligula samt ihrem Glossopodium emporgehoben (Abb. 26, II; Abb. 8, III; Abb. 10, II). Nur unmittelbar an der Blattbasis sind einige, durch ihre quergestreckte Form sich vom übrigen Gewebe abhebende Zellen nach Art eines interkalaren Meristems auch späterhin noch zu Zellteilungen befähigt. Während dieser Differenzierungsvorgänge an der Blattbasis verlängert sich auch der supraliguläre Abschnitt und zwar findet

---

[1] Auf dessen Bau wird im 2. Teil der Arbeit ausführlich eingegangen.

Zellvermehrung zunächst vorwiegend in der Apikalregion statt. Relativ frühzeitig stellt die Blattspitze aber ihre Zellteilungstätigkeit ein, und diese verlagert sich allmählich basalwärts (Abb. 26, II). Am längsten behält eine schmale Zone wenig oberhalb der Ligula ihren meristematischen Charakter bei; ein scharf umgrenztes interkalares Meristem im Spreitenbereich läßt sich jedoch auf keinem

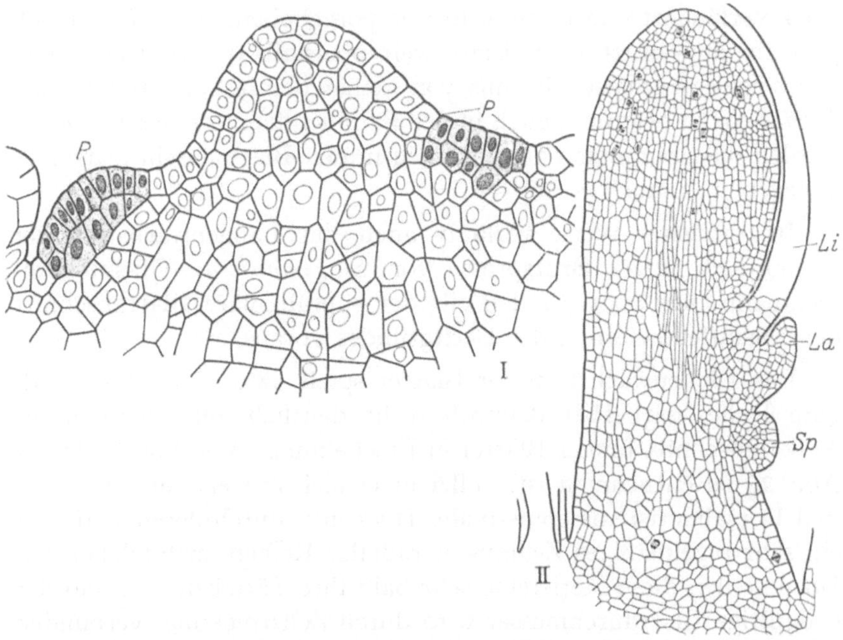

Abb. 26. *Stylites andicola*. I Vegetationspunkt einer älteren Pflanze, an dessen Basis sich zwei Primordien *P* auszugliedern beginnen (deren Zellen durch Punktierung hervorgehoben); II älteres Primordium, in dessen apikalem Bereich sich noch lebhafte Zellteilungen vollziehen. *Li* Ligula; *La* Labium; *Sp* steriles Sporangium.

der untersuchten Entwicklungsstadien nachweisen. Die letzte und für das Erreichen der endgültigen Länge der Blätter bedeutendste Phase besteht schließlich in einer starken Streckung aller Zellen des supraligulären Blattabschnittes, wobei sich deren Längsdurchmesser mehr als verzehnfacht. Schon auf recht jungen Entwicklungsstadien hebt sich das Initialbündel auf Grund der langgestreckten Form seiner Zellen deutlich von dem umgebenden späteren Mesophyll ab (Abb. 24, IV—V). Im supraligulären Abschnitt nimmt es eine zentrale Lage ein, während es im Blattgrund zur Oberseite hin verschoben ist.

Von dem oben geschilderten Verhalten unterscheidet sich die Entwicklung der Sporophylle in der Weise, daß der supraliguläre

Blattabschnitt in der Längenentwicklung zunächst vorauseilt und die Blattbasis noch längere Zeit ihren meristematischen Charakter beibehält. Erst nach Ausgliederung des Sporangiums, das sich anfangs von der Ligulabasis bis zur Blattinsertion erstreckt (Abb.29, I—II), setzt unmittelbar an der Blattbasis lebhafte Zellvermehrung ein. Hierdurch wird der Blattgrund unterhalb des Sporangiums stark verlängert und dieses selbst emporgehoben. Es befindet sich also am ausgewachsenen Blatt weit oberhalb der Blattinsertion. Ein solches Verhalten ist uns von keiner der bisher untersuchten *Isoëtes*-Arten bekannt; auch in der Familiendiagnose der *Isoëtaceae* werden die Sporangien ausdrücklich in den Blattachseln „sitzend" angegeben (s. auch S. 56).

In ähnlicher Weise verläuft auch das Längenwachstum der Primordien junger Brutsprosse von *St. gemmifera*. Übereinstimmend mit den Sporophyllen eilt der supraliguläre Blattabschnitt der Ausdifferenzierung des Blattgrundes voraus.

Das Dickenwachstum der Blätter spielt zwar eine untergeordnete Rolle, tritt aber dennoch recht deutlich am ungeflügelten Apikalabschnitt junger Blätter in Erscheinung. Wie Fig. I—II der Abb. 22 zu entnehmen ist, vollzieht es sich mittels eines Ventral- und Dorsalmeristems epidermaler Herkunft, durch deren Tätigkeit ein sehr regelmäßiges Zellmuster radialer Reihen zustandekommt. Doch stellen diese Meristeme sehr bald ihre Tätigkeit ein, und der endgültige Blattdurchmesser wird durch Zellstreckung, verbunden mit Interzellularenbildung, erreicht.

Das Breitenwachstum ist nur im Bereich der Blattflügel von Bedeutung und erfolgt durch antiklinal tätige Randzellen. Während die Säume der Flügel auch weiterhin einschichtig bleiben, treten in rückwärtigen Zellen Periklinalteilungen auf, so daß hier die Flügel zweischichtig werden (Abb. 22, V).

e) Die Sporophylle

sind wie bei *Isoëtes* in Makro- und Mikrosporophylle getrennt. Rein vegetative Blätter sind verhältnismäßig selten; meist läßt sich an ihnen noch ein steriles, in der Entwicklung gehemmtes Sporangium nachweisen, so daß jedes Blatt potentiell die Fähigkeit hat, zu einem Sporophyll zu werden. Der Abb. 3 zufolge unterscheiden sich die Sporophylle von den Trophophyllen durch die geringere Breitenentwicklung ihrer Flügel.

Während nun bei *Isoëtes* Makro- und Mikrosporophylle stets an der gleichen Pflanze auftreten, wobei die ersteren außen, die letzteren weiter innen in der Rosette stehen, zeigt *Stylites* die Tendenz zur Diözie, indem die Pflanzen entweder nur Makro- oder nur Mikrosporophylle ausbilden. Hierin ist auch der Grund zu suchen, warum E. Amstutz keine Mikrosporangien feststellte. Ihr standen wohl nur weibliche Pflanzen zur Verfügung. In diesem Verhalten weicht *Stylites* erheblich von

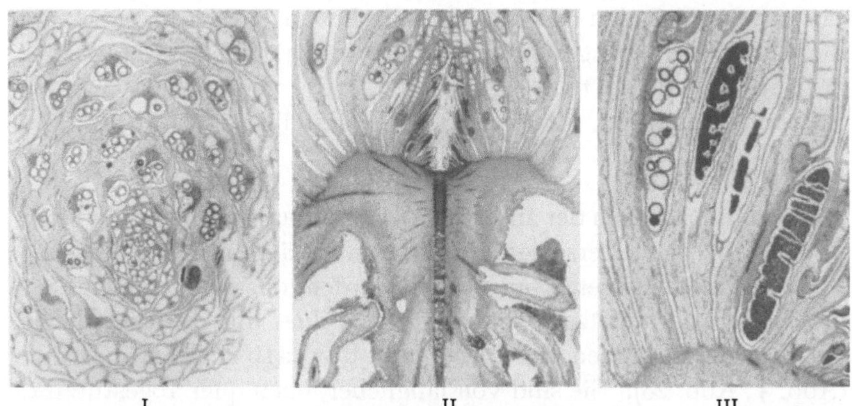

I   II   III

Abb. 27. *Stylites andicola.* I Querschnitt durch die Rosette einer fertilen weiblichen Pflanze, die asymmetrische Verteilung der Sporophylle zeigend. (Die Wurzelzeile ist im Bild unten zu denken); II Längsschnitt durch ein zweizeilig bewurzeltes weibliches Exemplar mit symmetrischer Verteilung der Makrosporophylle; III Ausschnitt aus der Rosette einer zwittrigen Pflanze. Links 1 Makro-, rechts 3 Mikrosporangien

Isoëtes ab. Daß erstere indessen auch monözisch sein kann, zeigen die Abb. 8, III; Abb. 27, III, doch erwiesen sich nur etwa 5 % aller untersuchten fertilen Pflanzen als zwittrig. Bei diesen ist die Verteilung und Aufeinanderfolge von Makro- und Mikrosporophyllen dann die gleiche wie bei *Isoëtes* (Abb. 8, III; Abb. 27, III), wobei allerdings stets eine Sporophyllart überwiegt. So wurden an einer vorwiegend weiblichen Pflanze 25 Makro- und nur 7 Mikrosporophylle gezählt[1]. Die weiblichen Exemplare waren in dem zur Untersuchung stehenden Material weitaus in der Überzahl.

---

[1] Nicht restlos geklärt werden konnte die Frage, ob *Stylites* vielleicht in der einen Vegetationsperiode nur Makro-, in der nächsten hingegen nur Mikrosporophylle erzeugt. Aus der Untersuchung der verrotteten Blätter, welche stets noch längere Zeit an der Achse erhalten bleiben, muß jedoch geschlossen werden, daß vorwiegend nur eine Art von Sporophyllen gebildet wird.

Wenn Meyer (1958) schreibt, daß ,,eine Regel in der Anordnung der Sporophylle nicht deutlich ist", so muß diese Ansicht dahin korrigiert werden, daß deren Stellung in enger Abhängigkeit von der Symmetrie der Sproßachse steht. An radiären Achsen, wie dies vor allem für zwei- oder dreizeilig bewurzelte Exemplare, zuweilen auch für Gabeläste gilt, sind die Sporophylle gleichmäßig rings um den Scheitel verteilt und stehen zwischen den ältesten äußeren und jüngsten inneren Blättern (Abb. 27, II); an dorsiventralen Achsen hingegen, deren Rosetten eine starke Exzentrizität aufweisen, finden sich die Sporophylle nur auf der in bezug auf die Blattanordnung geförderten, der Wurzelfurche gegenüber stehenden Rosettenseite (Abb. 27, I); nur selten wurden Sporophylle auf der ,,Wurzelseite" festgestellt.

f) Die Sporangien

Auch hinsichtlich der Insertion der Sporangien besteht ein nicht unwesentlicher Unterschied zu *Isoëtes*. Während bei dieser die Sporangien als ,,sitzend" angegeben werden, das heißt unmittelbar der Blattbasis aufsitzen, sind sie bei *Stylites* auf die Blattfläche verschoben und finden sich 1—1,5 cm oberhalb der Blattinsertion (Abb. 3; Abb. 28). Sie sind von länglicher, oben quer abgestutzter, an der Basis stumpflicher Gestalt und erreichen eine Länge bis zu 10 mm bei einer Breite bis zu 5 mm (Abb. 28). Da die Sporangiengrube (Fovea) nicht sehr tief ist, ragen die Sporangien ziemlich weit über die Blattoberfläche heraus und sind nur am Rücken mit einem schmalen Gewebestreifen festgeheftet (Abb. 27, III; Abb. 29, III). Ein das Sporangium überdeckendes Velum, wie dies für viele *Isoëtes*-Arten angegeben wird, fehlt. Die in der Aufsicht durchscheinende Sporangienwand besteht aus 3—4 Lagen schmaler, dünnwandiger Zellen, von denen die innerste als Tapetum anzusehen ist, deren Zellen sich bei der Sporenreife nicht auflösen (Abb. 29, VII). Die Sporangien sind wie bei vielen *Isoëtes*-Arten unterteilt, indem sie von sterilen Gewebesträngen, den Trabeculae, durchzogen werden. Besonders deutlich treten diese an unreifen Mikrosporangien in Erscheinung, die in der Aufsicht schon mit unbewaffnetem Auge wie durchlöchert erscheinen (Abb. 28, II). Die äußeren Zelllagen dieser Trabeculae fungieren gleichfalls als Tapetenzellen (Abb. 29, VII).

Die Entwicklungsgeschichte der Sporangien zeigt gegenüber jener von *Isoëtes* keine Besonderheiten. Ihre Anlegung erfolgt zu einer

Zeit, wo die Ligula bereits zu einem Gewebekörper sich entwickelt hat und das Labium deutlich emporgewölbt ist (Abb. 29, I—II). Das Archespor nimmt seinen Ausgang von einer hypodermalen Schicht, deren Zellen sich weiter teilen, so daß ein Komplex gleich großer, polygonaler, dicht von Plasma erfüllter Zellen resultiert,

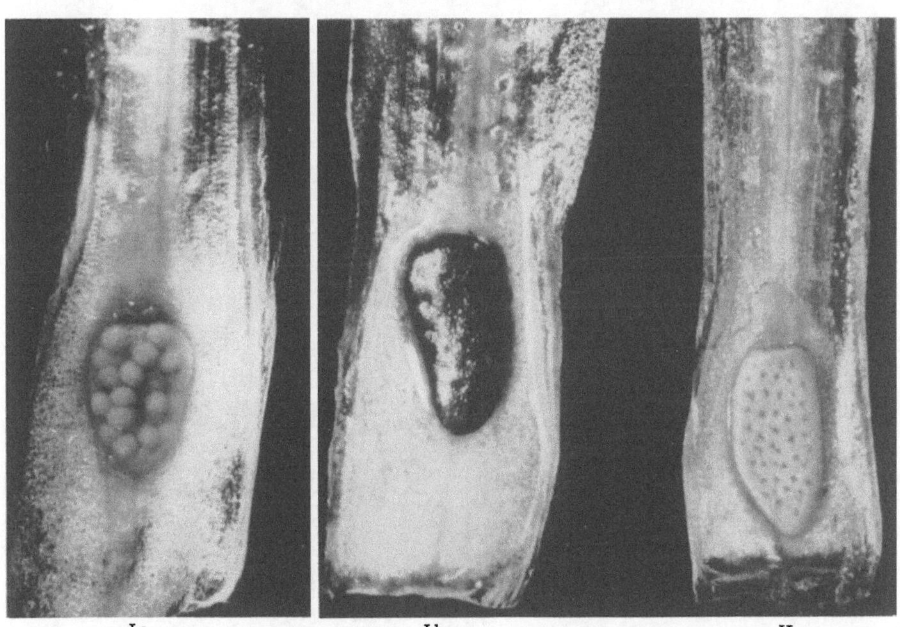

I a   I b   II

Abb. 28. I a Makro-, I b Mikrosporophyll mit reifem Sporangium von *Stylites andicola*; II Mikrosporophyll von *St. gemmifera* mit unreifem Sporangium. Die Trabeculae erscheinen als Löcher (etwa 2,5fach vergr.)

der von der zur Sporangienwand sich umbildenden Epidermis überdeckt wird (Abb. 29, I—II). Wie aus Fig. II der Abb. 29 zu ersehen ist, erstreckt sich die junge Sporangienanlage von der Blattinsertion bis zum Labium. Während nun bei *Isoëtes* dieses Stadium unter Weiterdifferenzierung in den Dauerzustand übergeht, setzt bei *Stylites* nochmals interkalare Verlängerung der Blattbasis ein (s. auch S. 54), wodurch die Sporangienanlage emporgehoben wird. Noch bevor das Sporophyll völlig ausgewachsen ist, läßt jene eine Differenzierung in die sterilen Trabeculae und in das sporogene Gewebe erkennen. Bis zu diesem Stadium vollzieht sich die Anlage beider Sporangienarten gleichartig. Während in den Mikrosporangien eine große Anzahl von Mikrosporenmutterzellen gebildet wird (Abb. 29, VII), werden in den Makrosporangien nur einzelne, durch ihre Größe sich heraushebende Zellen zu Makrosporenmutterzellen (Abb. 29, III *Mz*); die benachbarten, kleineren bilden sich zu Tapetenzellen um.

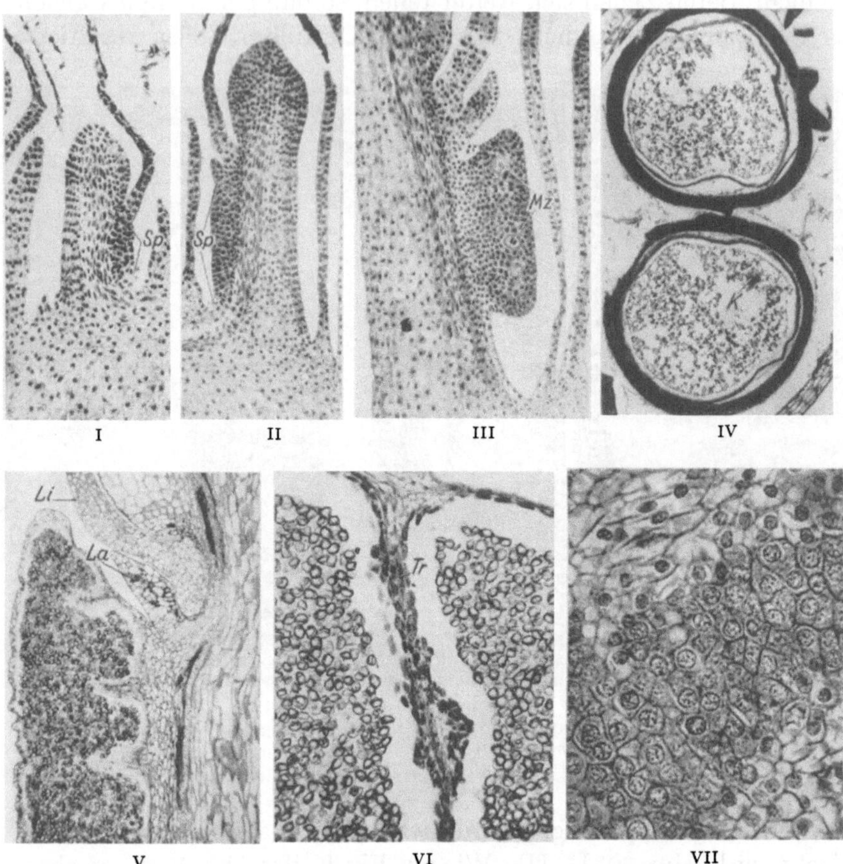

Abb. 29. *Stylites andicola*. I—II Junge Sporophylle mit der Sporangienanlage *Sp*; III Makrosporangium mit Makrosporenmutterzellen *Mz*; IV Längsschnitt durch reife Makrosporen mit Kern *K*; V Oberer Teil eines reifen Mikrosporangiums; VI Ausschnitt aus demselben; VII Ausschnitt aus einem jungen Mikrosporangium mit Mikrosporenmutterzellen; *Li* Ligula, *La* Labium, *Tr* Trabecula mit Tapetenzellen

Die Mikrosporangien enthalten nach grober Schätzung einige hunderttausend winziger, monoleter Mikrosporen (Abb. 29, VI), deren oberflächlich leicht gekörnelte Exine anfangs von gelblich-weißer bis gelblich-grüner Farbe ist, sich bei der Reife aber dunkelbraun verfärbt. Je nachdem, in welcher Ansicht sich die Mikrosporen bieten, sind sie von fast rundlicher oder ellipsoidischer Gestalt mit einseitig vorgewölbter Membran. Nach Aufhellung mit Chloralhydrat sind Kern und Inhaltsstoffe (Öltröpfchen) deutlich sichtbar (Abb. 30, II). Das Sporoderm ist rund 5 μ dick; davon entfallen etwa 1,5 μ auf die Nexine; eine gesonderte Endo-Nexine ist mitunter sichtbar und ca. 0,6 μ dick, während die Sexine 3,8 μ erreicht und aus einem Gewirr von Baculae besteht[1]. Die Mikrosporen wurden stets nur innerhalb des Sporangiums beobachtet. Nur an ganz alten, bereits stark verrotteten Blättern findet ein

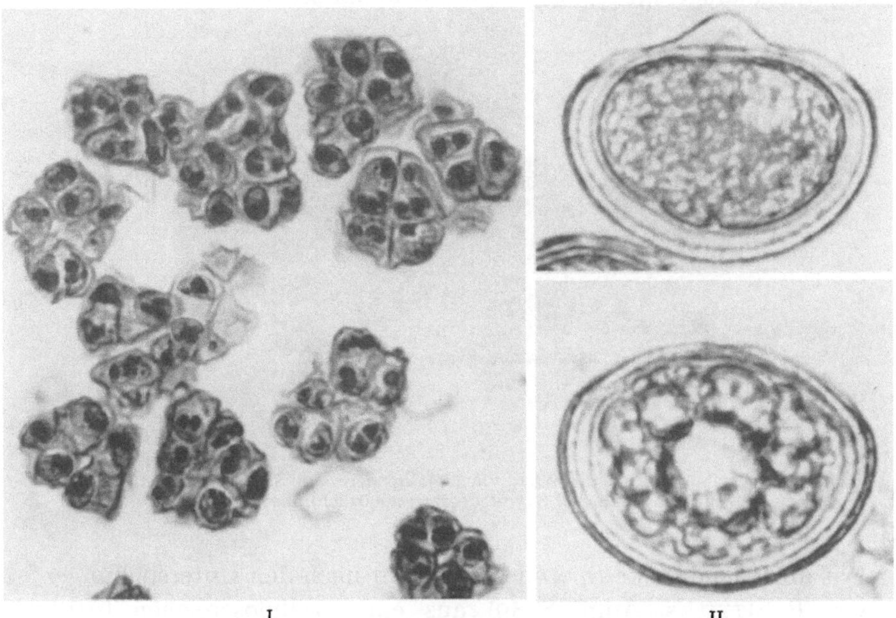

I   II

Abb. 30. I Mikrosporenentwicklung, Tetradenstadium. II Reife Mikrosporen von *Stylites gemmifera* (Vergr.: 4000-fach)

Zerfall der Sporangien und ein Freiwerden der Sporen statt. So wurden in älteren Torfablagerungen von *Stylites* oft regelrechte Zusammenschwemmungen von Mikrosporen festgestellt. Obwohl isolierte Makrosporen mit Erfolg zur Keimung, Archägon- und Embryobildung gebracht wurden, konnte die Mikroprothallienentwicklung selbst nicht verfolgt werden; stets wurde nur das 1-zellige Sporenstadium beobachtet.

Die Makrosporen werden in wesentlich geringerer Zahl gebildet. In der Regel wurden 30—40 in einem Sporangium gezählt.

---

[1] Die Untersuchungen der Membranen der Makro- und Mikrosporen von *Stylites* stammen von Dr. P. SITTE, Heidelberg, dem wir für seine Mitarbeit danken.

Sie haben einen Durchmesser von rund 0,5 mm und sind von kugeliger bis leicht kugeltetraëdrischer Gestalt. Die von den scharf hervortretenden Kantenleisten (s. Abb. bei Amstutz und Meyer) umschlossenen Flächen sind als glatt zu bezeichnen und weisen keinerlei Strukturen auf (Abb. 29, IV), worin Übereinstimmung mit einer Reihe hochandiner *Isoëtes*-Arten besteht (s. S. 76). Junge Makrosporen sind von gelblich-weißer, reife und keimungsfähige hingegen von dunkel- bis schwarzbrauner Farbe.

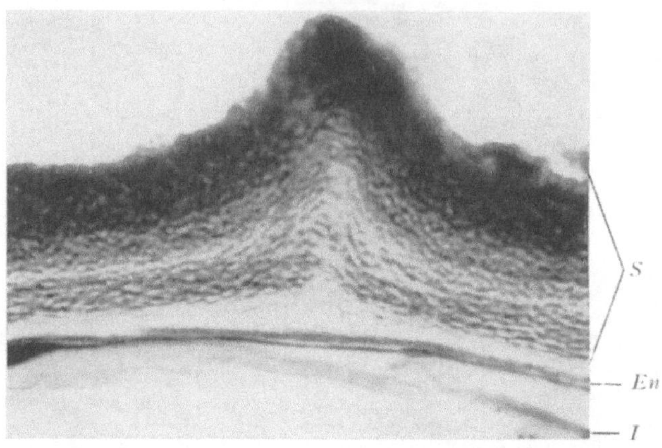

Abb. 31. Querschnitt durch die Wand einer Makrospore von *Stylites andicola*. *I* Intine, *En* Endo-Nexine, *S* Sexine (Vergr.: 2000 fach) phot. P. Sitte

Das auffallend dicke Sporoderm besteht nach den Untersuchungen von P. Sitte (s. Anm. S. 59) aus einer zellulosereichen Intine (Abb. 31, *I*) und der Sclerine, die sich selbst wieder in eine scharf abgegrenzte und doppelschichtige Endo-Nexine (0,6 μ dick; Abb. 31, *EN*) und eine ca. 11 μ dicke Sexine gliedert (Abb. 31, *S*). Deren innere Lagen zeigen einen locker geschichteten Bau, während die äußeren granulär erscheinen. Nach Acetolyse treten winzige baculäre Strukturen hervor, die wahrscheinlich noch von einer dünnen Perine überdeckt sind[1]. Bemerkenswert ist, daß unter den Kantenwülsten des Sporoderms weder Intine noch Endo-Nexine irgendwelche Vorwölbungen zeigen (Abb. 31). Die von der ersteren umschlossene Makrosporenzelle ist mit Plasma und Reservestoffen, vorwiegend Öltröpfchen erfüllt. Ihr Kern findet sich meist in exzentrischer Lage (Abb. 29, IV *K*).

---

[1] An den Makrosporen von *Isoëtes* unterscheidet Fitting (1900) vier Schichten: Peri-, Exo-, Meso- und Endospor.

In Übereinstimmung mit den Mikrosporen werden auch die Makrosporen nur durch Verrotten der Sporangienwand frei; infolge des polsterförmigen Wuchses, sowie der Tatsache, daß die verwesenden und vertorfenden Blätter noch lange Zeit die Achse umgeben, also weiterhin dicht gepackt beieinander stehen und die Sporangien sich tief im Polsterinnern befinden, wird eine Verbreitung der Makrosporen außerordentlich erschwert. So finden sich im *Stylites*-„Torf" große Mengen von Makrosporen, welche sich nicht weiterentwickelt haben und nicht einmal völlig ausgereift sind, was an der weißlichen Farbe kenntlich ist. Es ist zu vermuten, daß die Sporen nur bei stärkeren Überflutungen oder heftigen Regengüssen aus dem Polsterinneren herausgeschwemmt werden können; unterbleiben diese[1], so werden vermutlich nur die Sporen der am Rande des Polsters wachsenden Pflanzen verbreitet. So wurden denn auch bei der Analyse der *Stylites andicola*-Polster und Durchmusterung von Torfproben nur wenige Makroprothallien und nur eine einzige Keimpflanze

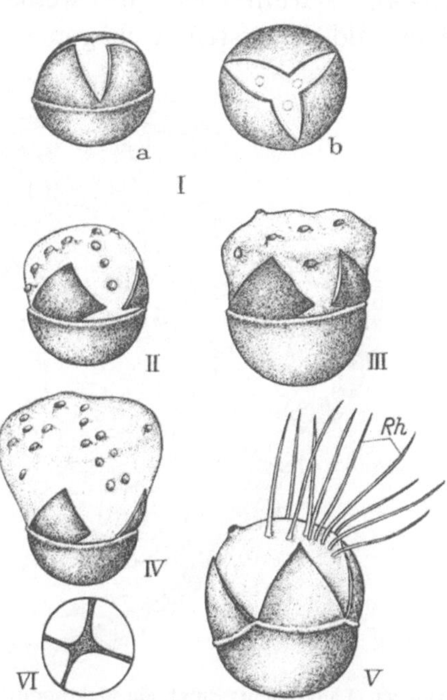

Abb. 32. Makroprothallien in verschiedenen Entwicklungsstadien. I—IV von *Stylites andicola*; V von *St. gemmifera*; *Rh* Rhizoidbüschel; VI geöffneter Archägonhals in Aufsicht

(Abb. 35, VI) zwischen den Rosettenblättern gefunden. Keimungsversuche mit Makrosporen von *St. gemmifera* haben ergeben, daß diese sich erst rund 5 Monate nach ihrer Isolierung aus dem Sporangium weiter entwickeln. Zu diesem Zwecke wurden reife, braune Makrosporen, zusammen mit Mikrosporen in einen wäßrigen Extrakt von *Stylites*-Torf ($p_H = 4{,}8$) gebracht und bei Zimmertemperatur im Halbdunkel aufbewahrt. Nach der oben genannten Zeit zeigten sich die ersten Keimungsstadien, und nach einem weiteren Monat hatten fast alle Sporen ein Makroprothallium entwickelt. Trotz

---

[1] Auch in den Anden kann die Regenzeit zuweilen völlig ausbleiben bzw. die Niederschlagstätigkeit auf ein Minimum herabgesetzt sein.

laufender Kontrollen der Mikrosporen unter dem Mikroskop ist es
nicht gelungen, deren Keimung zu beobachten.

g) Die Makroprothallien

Wie bei *Isoëtes* sind die Makrosporen polar differenziert, indem
sie stets in Richtung der drei Scheitelkanten aufspringen (Abb. 32,
I a—b). Darunter wird das weiße Prothalliumgewebe sichtbar, an
dem bald die ersten Archägonien und zwar vorwiegend in 3-Zahl

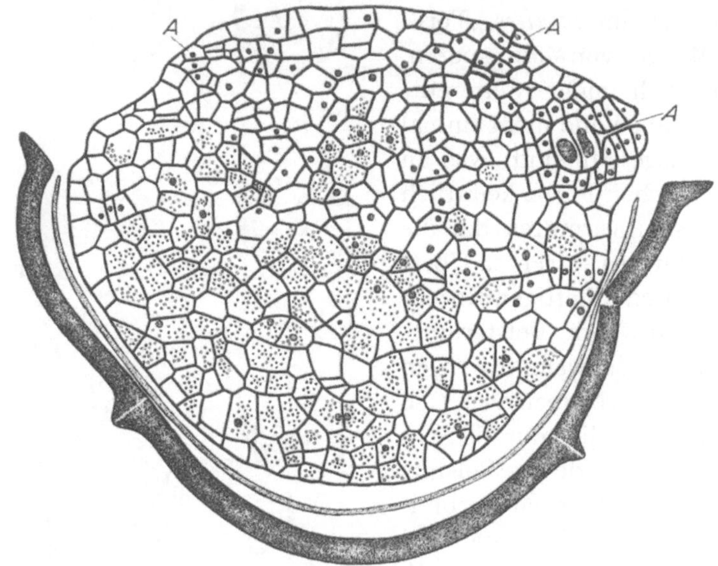

Abb. 33. Längsschnitt durch ein Makroprothallium von *Stylites andicola* mit den Archägonien *A*. Nur das rechte ist median geschnitten (vergr. ca. 80 fach)

zwischen den Aufrißstellen erscheinen[1] (Abb. 32, I a—b). Unterbleibt die Befruchtung eines derselben, so wächst das Prothallium
zu einem kreiselförmigen Körper von einem Durchmesser bis zu
2—3 mm heran (Abb. 32, II—IV), der an der Basis von der aufge-
platzten Makrosporenmembran umhüllt bleibt. Mit der Vergrößerung des Prothalliums ist eine Erhöhung der Anzahl der Archägonien (bis zu 25) verbunden. Diese sind anfangs in 3 Reihen
angeordnet (Abb. 32, II), später jedoch unregelmäßig über die
gesamte Prothallienoberfläche verteilt (Abb. 32, III—IV). Ihre
kurzen Hälse ragen nur wenig darüber hinaus und verfärben sich
bei unterbleibender Befruchtung braun. Längsschnitte durch ver-

---

[1] Selten wird, wie bei *Isoëtes*, nur ein terminales Archägonium entwickelt
(Abb. 34, I).

schieden alte Prothallien sind in Abb. 33 und Abb. 34, I—II wiedergegeben. Die Zellen des vegetativen Prothalliumgewebes sind mit
Speicherstoffen (Stärke) angefüllt und grenzen sich demzufolge

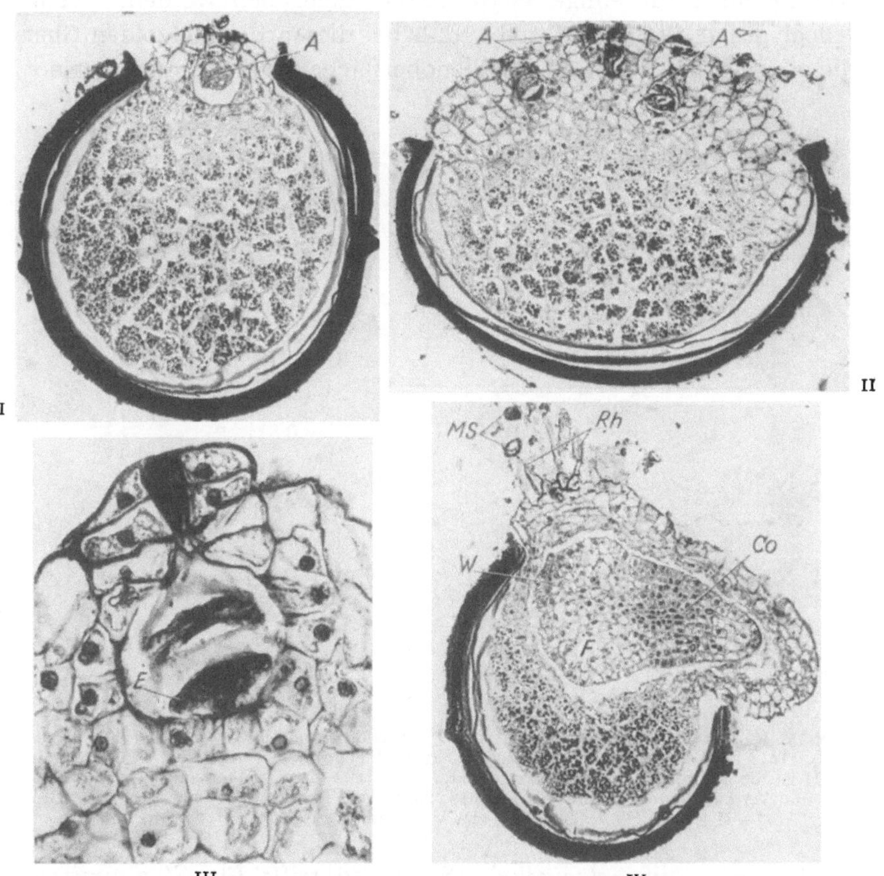

Abb. 34. *Stylites gemmifera.* I—II Längsschnitte durch verschieden alte Prothallien mit
den Archägonien *A*; III Archägonium vergrößert; *E* Eizelle; IV Längsschnitt durch einen
jungen Embryo; *Co* Kotyledo, *F* Fuß, *W* Anlage für die erste Wurzel, *Rh* Rhizoiden, die
zwei Mikrosporen (*Ms*) zwischen sich festhalten (I, II, IV 60fach; III ca. 200fach vergr.)

scharf gegen die der generativen Region ab. Hinsichtlich des
Baues der Archägonien sind keine Unterschiede zu *Isoëtes* zu ver-
merken. Der Hals besteht aus vier übereinanderstehenden Stock-
werken von je 4 Zellen (Abb. 33; Abb. 34, III), welche die Hals-
kanal-, Bauchkanal- und Eizelle umschließen. Die beiden ersteren
gehen zugrunde, und die Halskanalzellen spreizen auseinander
(Abb. 34, III).

In der Ausbildung der Prothallien unterscheiden sich *St. andicola* und *St. gemmifera* in bemerkenswerter Weise, denn die der letzteren weisen Büschel von Rhizoiden auf (Abb. 32, V; Abb. 34, IV *Rh*), wie sie auch für einige *Isoëtes*-Arten angegeben werden. Wenn jedoch EAMES (1936) schreibt, daß bei diesen die Rhizoiden über die ganze, freiliegende Prothallienoberfläche verteilt sind, "but not

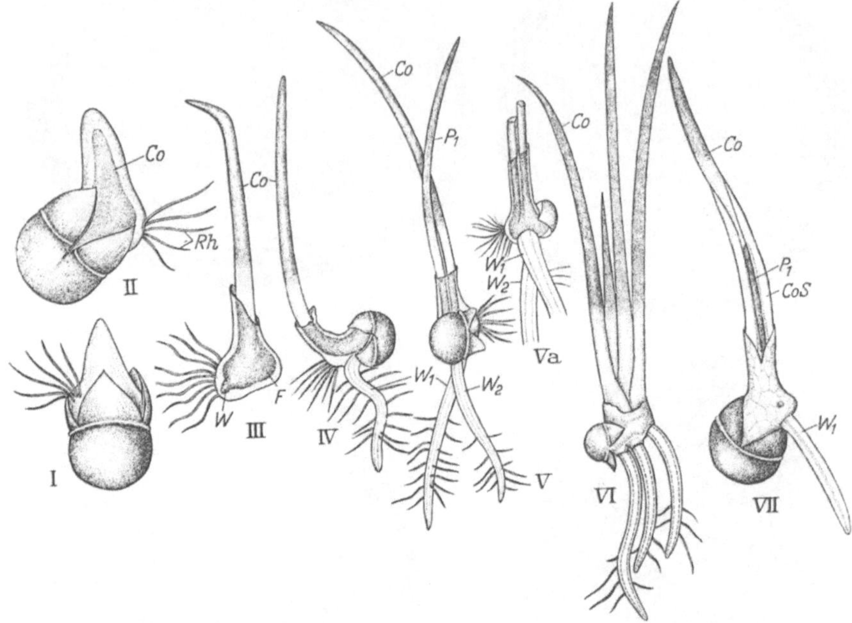

Abb. 35. Keimpflanzen verschiedenen Alters von *Stylites gemmifera* (I—VI) und *St. andicola* (VII). In I und II hat der Kotyledo das Prothalliengewebe noch nicht durchbrochen. In III ist die Makrosporenmembran entfernt. In IV tritt die erste Wurzel *W1* nach außen, in V und VA hat sich die zweite Wurzel entwickelt. VI Vierblättriges Stadium. (Nat. Gr.: I—II 3 mm, III 1,5 cm, IV 2 cm, V 2,5 cm, VI 3,5 cm, VII 1,5 cm)

in clusters as in *Selaginella*" (S. 62), so trifft für *St. gemmifera* diese Angabe nicht zu. Sie sind im Gegenteil immer in Büscheln angeordnet, erreichen in der Kultur eine Länge bis 3 mm, sind etwas gewunden und halten meist Mikrosporen zwischen sich fest (Abb. 34, IV). Für *St. andicola* wurden die Rhizoidbüschel nicht festgestellt; es gibt bekanntlich auch *Isoëtes*-Arten, die ihrer entbehren.

h) Embryoentwicklung

Obwohl die ersten Stadien der Embryoentwicklung nicht beobachtet werden konnten, ist auf Grund der mit *Isoëtes* bestehenden Übereinstimmungen hinsichtlich der Prothallienentwicklung und des Archägonbaues anzunehmen, daß auch die Embryoentwicklung beider Gattungen in gleicher Weise verläuft. Prothallien mit jungen Embryonen sind in Abb. 35, I—II und Abb. 34, IV wiedergegeben. Sie sind daran kenntlich, daß das Prothalliumgewebe infolge des Vorauseilens der Blattentwicklung sich kuppelförmig aufzuwölben beginnt. Sehr bald wird dieses von dem Kotyledo (Abb. 35, III *Co*) durchbrochen und bleibt als Scheide an dessen Basis zurück. Hat das Keimblatt eine Länge von 1 cm erreicht, so wird auch die erste Wurzel sichtbar und wächst schräg abwärts (Abb. 35, IV). Bei *St. andicola* ist diese gleich den folgenden Wurzeln wurzelhaarlos, bei *St. gemmifera* hingegen (bei einer Kultur in Wasser) sind reichlich Wurzelhaare zu beobachten (Abb. 35, IV—V). Während dieser Entwicklungsvorgänge dringt der mächtige Fuß tief in das Prothalliumgewebe ein und beutet die Nährstoffe aus, so daß dieses bis auf geringe Reste zusammenschrumpft (Abb. 34, IV).

Ein Längsschnitt durch eine ältere Keimpflanze ist in Abb. 17, II wiedergegeben. Der Kotyledo (*Co*), der an seiner Basis die Ligula (*L*) trägt, umgibt mit scheidiger Basis das erste Primordium (P_1); der Sproßscheitel hat sich bereits herausdifferenziert und ist im Vergleich zu ebenso alten Keimpflanzen von *Isoëtes* schon recht breit. Während Kotyledo und erste Wurzel bereits von einem Bündel durchzogen wurden, läßt sich eine eigene Stammstele noch nicht feststellen. Auch hierin herrscht Übereinstimmung mit *Isoëtes.*

i) Vegetative Vermehrung

Es beansprucht größtes Interesse, daß vegetative Vermehrung (Aposporie) nicht nur für *Isoëtes*, sondern auch für *Stylites* und damit erstmalig für eine südamerikanische Isoëtacee festgestellt werden konnte. Im Longemer (Vogesen), in welchem die beiden mitteleuropäischen Arten, *I. lacustris* und *I. tenella (= I. echinospora)* auf engstem Raum neben- und durcheinander wachsen, wurde von GOEBEL eine Form von *I. lacustris* gefunden, die sich durch ausgiebige vegetative Vermehrung mit Hilfe blattbürtiger Sprosse auszeichnet und von diesem als *f. vivipara* bezeichnet worden ist. Es handelt sich wohl um eine Mutation, die zu einer Zeit entstanden sein muß, als die drei hintereinander liegenden Glazialseen (Retournemer, Longemer und Gerardmer) bereits voneinander getrennt waren, denn die f. *vivipara* ist allein im mittleren von ihnen (Longemer) anzutreffen, während der Typus auch im Lac Gerardmer größere Bestände bildet[1].

---

[1] Neuerdings wird von MANTON (1950, S. 255) auch eine vivipare Form von *I. lacustris* aus England (Windermere) erwähnt.

Da die Angaben von Goebel (1879, 1930) über die Histogenese
der blattbürtigen Knospen indessen recht knapp sind, ist eine
Nachuntersuchung geboten, die im Augenblick am hiesigen Institut
durchgeführt wird.

Die Bildung von Blattsprossen wurde niemals für *St. andicola*
festgestellt, hingegen scheint sie bei *St. gemmifera* das normale Verhalten zu sein. Wenngleich bei dieser vegetative Vermehrung
durchaus überwiegt, hat die Pflanze dennoch die Fähigkeit zur
Sporenbildung keineswegs eingebüßt. So können zuweilen Brutsprosse und Sporophylle am gleichen Exemplar beobachtet werden.
Vegetative Vermehrung tritt bereits an jungen, noch nicht ge-
schlechtsreifen Pflanzen in Erscheinung, doch ist an diesen die
Zahl der Brutsprosse zunächst noch recht gering. Meist treten sie
nur in 1- oder 2-Zahl (Abb. 36, I) auf. Wie ausgiebig deren Bildung an älteren Pflanzen aber sein kann, zeigen die Abb. 2, VI und
Abb. 36, II. Die einem etwa 5 cm langen und 2 cm dicken Stamm
aufsitzende Mutterrosette ist an ihrer Basis von rund 20 Brutsprossen kreisförmig umstellt, die alle annähernd auf gleicher
Höhe entspringen und demzufolge alle nahezu gleich alt sind. Sie
sitzen dem Hauptstamm mit dünner Basis an und haben selbst
bereits eine spitzenwärts kräftig erstarkende Achse von 0,5 cm
Länge (Abb. 36, III) ausgebildet, die ihrerseits mit einer Rosette
weniger, dünner Blätter abschließt, welche schon die Länge jener
der Mutterrosette erreicht haben. Auch eine Wurzelfurche mit
bereits recht kräftigen, sproßbürtigen Wurzeln ist zu erkennen.
Hinsichtlich der Radication scheint insofern eine Gesetzmäßigkeit
zu bestehen, als die Wurzelfurche stets auf der „Außen"-(abaxialen)
Seite der Achsen der Brutsprosse zur Anlage gelangt. Dichotom verzweigte Exemplare neigen gleichfalls in hohem Maße zur Bildung
blattbürtiger Sprosse. Bezüglich deren Anlegungsfolge scheint eine
ähnliche, vermutlich jahreszeitlich bedingte Rhythmik zu bestehen,
wie sie auch für die Sporophylle gilt. Grundsätzlich ist jedes lebende
Blatt einer Rosette zur Sproßbildung befähigt, doch wechseln in
der Regel sprossende mit nicht sprossenden Blättern ab (Abb. 36,
IV). So werden zur gleichen Zeit stets mehrere Brutsprosse in einer
Rosette angelegt, die, wie erwähnt, demzufolge gleich alt sind und
auf annähernd gleicher Höhe stehen. Bezeichnenderweise wurden
nur wenige Exemplare gefunden, bei denen Brutsprosse und Sporophylle im rhythmischen Wechsel erscheinen. Niemals aber wurden,

wie dies GOEBEL für *Isoëtes* abbildet (1930, Abb. 1290), fertile Sporangien und Brutsprosse am gleichen Blatt festgestellt[1].

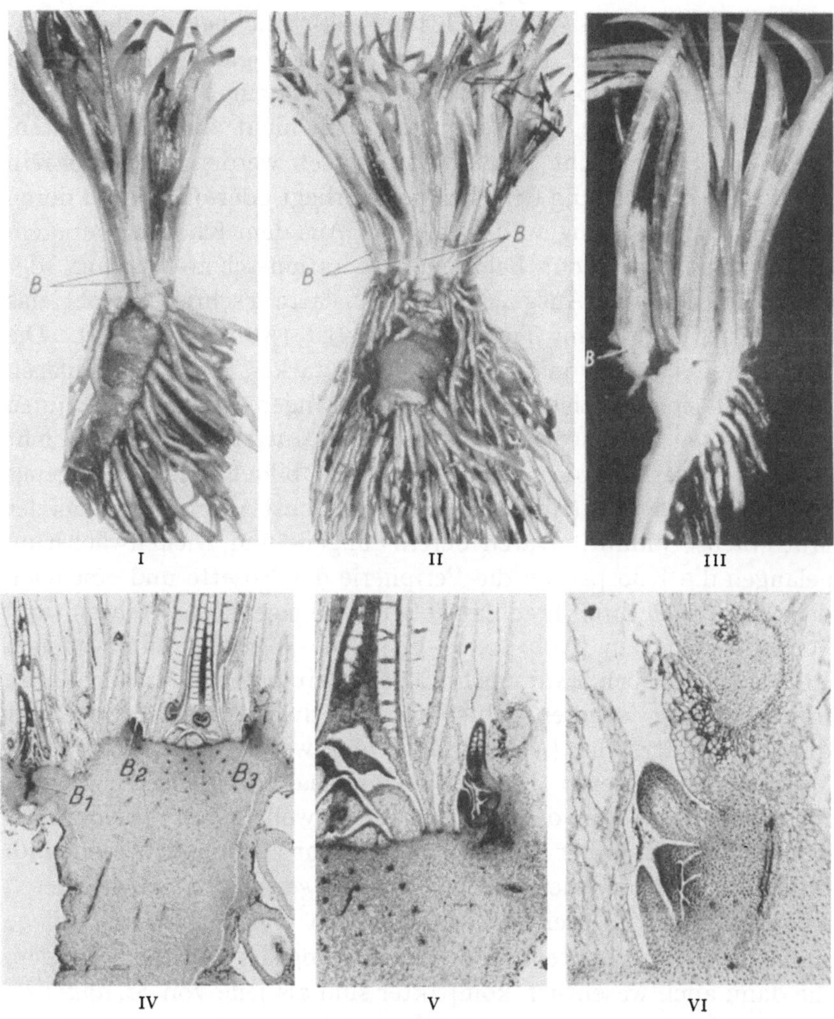

Abb. 36. *Stylites gemmifera*, vegetative Vermehrung. I Junge Pflanze mit 2, II ältere mit 10 Brutsprossen *B*; III das in I wiedergegebene Exemplar längs durchschnitten; IV Längsschnitt durch eine Rosette mit drei Brutsproßanlagen (*B*), die in V—VI vergrößert abgebildet sind

Obwohl eine große Anzahl, zu den verschiedensten Jahreszeiten gesammelter Pflanzen zur Untersuchung verfügbar waren, konnte

---

[1] Während sich bei *Isoëtes* anscheinend mehrere Pflänzchen an der Blattbasis entwickeln können, treten diese bei *Stylites* stets in Einzahl auf.

die Histogenese der Blattsprosse nicht in allen Einzelheiten verfolgt werden. Die jüngsten beobachteten Entwicklungsstadien sind in Abb. 36, IV—VI wiedergegeben. Die Knospen treten, wie dies Goebel (1930, Abb. 1291) auch für *Isoëtes* zeichnet, an der Blattbasis auf, wobei das Knospenmeristem sich gleich einer jungen Sporangienanlage von der Blattinsertion bis zur Ligulascheide erstreckt. Da jüngere Entwicklungsstadien nicht zur Hand waren, kann die Frage nicht exakt beantwortet werden, ob eine rein phyllogene Entstehung der Knospen vorliegt oder ob sich an deren Bildung auch Achsengewebe beteiligt. Aus dem Knospenmeristem differenziert sich recht bald ein Vegetationsscheitel heraus, der schon frühzeitig zur Ausgliederung von Blättern schreitet, wobei das erste Blatt stets zum Tragblatt hinweist (Abb. 36, V—VI). Die Primordien lassen von vornherein ein starkes, im supraligulären Abschnitt sich vollziehendes (s. S. 54) Längenwachstum erkennen und wachsen zwischen den Blättern der Mutterrosette zum Licht empor. Unterhalb des Knospenscheitels bildet sich ein eigenes Gefäßbündel heraus (Abb. 36, V), das zunächst Anschluß an das der Mutterachse nimmt. Durch deren Längen- und Dickenwachstum gelangen die Knospen an die Peripherie der Rosette und erst nach dem Absterben ihrer Tragblätter setzt die eigentliche Achsen- und Wurzelbildung ein (Abb. 36, I—III). Die vegetativ entstandenen Pflänzchen bleiben zwar noch längere Zeit mit der Mutterpflanze in Verbindung, isolieren sich später aber durch Degeneration ihrer dünnen Ansatzstelle (Abb. 36, III) und werden selbständig. Im Verlauf der weiteren Entwicklung verhalten sie sich wie ihre Mutterpflanzen, von denen sie später sowohl in morphologischer als auch anatomischer Hinsicht nicht mehr zu unterscheiden sind. So findet man in einem Polster von *St. gemmifera* neben älteren Pflanzen stets zahlreiche, ausschließlich vegetativ entstandene jüngere, die in erhöhtem Maße zur Bildung der Polster beitragen, die dann auch wesentlich kompakter sind als jene von *St. andicola*.

Die biologische Bedeutung der Brutsproßbildung liegt auf der Hand. Sie stellt ein sicheres und ausgiebigeres Verbreitungsmittel dar als die Fortpflanzung durch Sporen, zumal deren Verbreitung bei *Stylites*, im Vergleich zu *Isoëtes*, außerordentlich erschwert ist. Wenngleich bei *St. gemmifera* auch die Fähigkeit zur Bildung von Sporen nicht völlig verloren gegangen ist, so spielen diese für die Vermehrung der Pflanze doch eine nur untergeordnete Rolle.

5. Die systematische Stellung von *Stylites*

In den vorstehenden Abschnitten konnte gezeigt werden, daß *Stylites* trotz des von *Isoëtes* abweichenden Habitus hinsichtlich der Anatomie und Entwicklungsgeschichte ihrer Organe so viele Gemeinsamkeiten mit jener aufweist, daß eine engere Verwandtschaft zwischen beiden wohl außer Zweifel steht. *Stylites* jedoch in die Familie der *Isoëtaceae* aufzunehmen, läßt, wie schon MEYER (1958) betont, nicht nur eine Emendation der Familien-, sondern auch der Ordnungs-Diagnose nötig werden, da beide auf den Merkmalen der bislang einzigen Gattung *Isoëtes* basieren. In der von BARTLING (Ord. Nat. Pl. 16,1830)[1] erstmalig und in allen späteren systematischen Werken (s. die Zusammenstellung bei REED, 1953) veröffentlichten Familiendiagnose werden als wesentlichste Merkmale der kurze, knollenförmige, unverzweigte, an der Basis meist gelappte Stamm, die dichotom verzweigten Wurzeln und die am Grunde der Blätter sich befindlichen, in eine Grube eingesenkten Sporangien hervorgehoben. In allen diesen Punkten aber weicht nun *Stylites* in bemerkenswerter Weise von *Isoëtes* ab: Der auffallend verlängerte Stamm neigt zu dichotomer Verzweigung; die sehr derben und kräftigen Wurzeln sind in der Regel unverzweigt, und die Sporangien finden sich nicht am Grunde des Blattes, sondern sind vielmehr auf die Blattfläche verschoben. Diese Merkmale

---

[1] Über die Autorenschaft der Familie herrscht noch eine ziemliche Verwirrung. REED (Index *Isoëtales*, 1953, S. 13) nimmt REICHENBACH an. Zwar findet sich bei diesem erstmalig auf S. 43 des Consp. Reg. Veg. (1828) *Isoëteae* als gesonderter Familienname, doch existiert keine Diagnose. Nach Art. 47 des Intern. Code der Botan. Nomenklatur (1954) heißt es aber, daß „der Name eines Taxons nicht dadurch gültig veröffentlicht ist, daß die ihm untergeordneten Taxa, die er umfaßt nur erwähnt werden". Demzufolge muß der REICHENBACHsche Familienname als nicht gültig veröffentlicht angesehen werden. Das gleiche gilt auch für DUMORTIER, der in seinem Werk: Analyse des familles des plantes, 1829 auf S. 68 ebenfalls nur den Familiennamen *(Isoëteae)* erwähnt. Erstmalig gibt BARTLING (Ord. Nat. P., 1830, S. 16) eine Diagnose der Familie (bei diesem als Ordo *Isoëteae* bezeichnet). Sie lautet: Radix fibrosa. Caulis maxime abbreviatus. Folia conferta subtetragono-subulata, basi dilatata. Receptacula basi foliorum inclusa, membranaceae, evalvia, unilocularia; trophospermiis? filiformibus transversis e folii nervo ortis: alia granulis pulveraceis initio quaternim connatis, alia corpusculis numerosis tetraëdris, demum in semina? plura dissolutis repleta. Genus unicum: *Isoëtes* L.

Unter Beachtung der Nomenklaturregeln muß demzufolge BARTLING die Autorenschaft zuerkannt werden. Der heute gebräuchliche Familienname *Isoëtaceae* wird zuerst von UNDERWOOD: Our native ferns and fern-allies, 1882, S. 121 gebraucht.

würden nach MEYER (1958) ausreichen, um eine neue Familie zu begründen. Aus rein formalen und praktischen Gründen wäre dieser Vorschlag durchaus zu unterstützen, aus vergleichend-morphologischen Gesichtspunkten jedoch abzulehnen, denn nach ENGLER (1912) werden „zu einer Familie einerseits diejenigen Formen vereinigt, welche in allen wesentlichen Merkmalen des anatomischen Baues, der Blattstellung, der Sporenbildung oder der Frucht- und Samenbildung eine augenfällige Übereinstimmung zeigen, andererseits die Formen, welche untereinander in einzelnen der genannten Verhältnisse Verschiedenheiten zeigen, aber doch durch ein gemeinsames Merkmal verbunden sind" (S. X). Diese Sätze sind durchaus auf *Stylites* anzuwenden. Des weiteren wird im 2. Teil der Untersuchung ausführlich darzulegen sein, daß die zunächst völlig verschiedenen Wuchsformen von *Stylites* und *Isoëtes* sich durch quantitative Wachstumsverschiedenheiten auf einen gemeinsamen Grundbauplan zurückführen lassen. Es wurde schon erwähnt, daß der normalerweise unverzweigte Stamm von *Isoëtes* die Fähigkeit zu dichotomer Gabelung keineswegs verloren hat, wie auch umgekehrt die Wurzeln von *Stylites* hin und wieder Anklänge an die Verhältnisse von *Isoëtes* zeigen.

Wir neigen deshalb zu der Auffassung, *Stylites* den *Isoëtaceae* einzuordnen, wobei — wie erwähnt — eine Emendation der Familiendiagnose nicht zu umgehen ist. Dadurch wird auch eine Eingruppierung der bisher zu Unrecht kaum beachteten und in ihrer systematischen Stellung noch immer nicht restlos geklärten *Nathorstiana* P. Richter wesentlich erleichtert[1]. MÄGDEFRAU (1932), der sich eingehend mit dieser von P. RICHTER (1910) beschriebenen Pflanze beschäftigt hat, stellt sie zwar noch in die engere Verwandtschaft von *Pleuromeia*, weist aber darauf hin, daß sie „eine Mittelstellung zwischen *Pleuromeia* und *Isoëtes* einnimmt" (S. 713) und „mit ziemlicher Sicherheit in die phylogenetische Reihe *Pleuromeia-Isoëtes* gehört. Zwischen *Nathorstiana* und *Isoëtes* haben wir aber keine sicheren Bindeglieder. Die aus dem Tertiär beschriebenen Isoëten sind auf viel zu ungenügendem Material begründet, als daß wir sie mit Bestimmtheit den Isoëtaceen zurechnen können. Es bleibt nur eine Form übrig, die etwas besser bekannt ist: *Isoëtites*

---

[1] Nur in wenigen systematischen Werken wird *Nathorstiana* erwähnt und dann in die Verwandtschaft der Isoëtaceen gestellt, so bei WETTSTEIN (1935, S. 384), WEYLAND-GOTHAN (1954, S. 243—244), MELCHIOR u. WERDERMANN (1954, S. 279) und bei REED (1953, S. 57).

Choffati Sap. aus dem Urgon von Portugal, also ungefähr gleichaltrig mit *Nathorstiana*. Die Reste sehen den rezenten Isoëten äußerst ähnlich" (S. 715)[1].

Nun zeigt aber *Stylites* hinsichtlich ihrer Organisation nicht nur Übereinstimmungen mit *Isoëtes*, sondern ebenso mit *Nathorstiana*, so daß wir in jener das bisher fehlende Bindeglied zwischen den beiden letztgenannten annehmen können.

Zum besseren Verständnis sei eine kurze Beschreibung von *Nathorstiana* auf Grund der Angaben von MÄGDEFRAU gegeben (Abb. 37): Der Stamm ist weniger gestaucht als bei *Isoëtes*, aber kürzer als bei *Pleuromeia*. Die ganze Pflanze, die auf meeresnahen Dünen gewachsen sein soll, erreicht eine Höhe von nur 20 cm. „Die Stammbasis ist bei jungen und alten Pflanzen nicht gleich, sondern macht eine Entwicklung durch. Zunächst gleicht sie einem s t u m pfen Kegel, dessen Spitze nach unten gerichtet ist[2] (Übereinstimmung mit jungen Pflanzen von *Stylites*, Verff.), später wird sie unten zweilappig, und an einem alten Exemplar konnte ich 4 Lappen feststellen, so daß eine ähnliche Form entsteht, wie bei der Stammbasis von *Pleuromeia*[3]. Die Oberfläche der Stammbasen ist mit Narben besetzt, die von den Wurzeln herrühren. Auch ein Leitbündelnärbchen kann man mitunter beobachten. Die Wurzeln (Appendices), die an den meisten Stücken noch

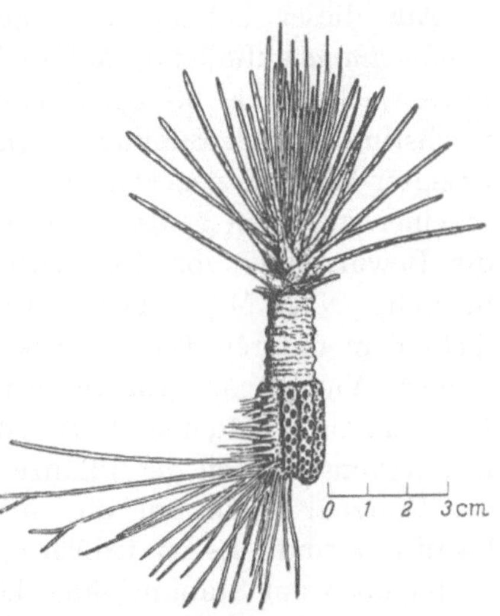

Abb. 37. *Nathorstiana arborea* P. Richter (nach MÄGDEFRAU)

---

[1] Ähnlich äußern sich auch GOTHAN-WEYLAND (1954): „Trotzdem *Isoëtes* offenbar ein Rest einer früher wohl häufigeren Gruppe sein wird, ist an fossilen Resten wenig zu verzeichnen und die meisten davon sind unsicher. Sie wurden zum Teil mit *Isoëtes* vereinigt, zum Teil als *Isoëtites* Münst em. Sew. und *Isoëtopsis* Sap. bezeichnet. Schon früher sind Stücke aus der unteren Kreide angegeben worden, die vielleicht dazu gehören (*Isoëtites Choffati* Sap). Dagegen sind tertiäre Reste wenig befriedigend."

[2] Gemeint ist wohl das auch bei *Stylites* auffällig in Erscheinung tretende Erstarkungswachstum (Sperrungen von Verff.).

[3] In der Rekonstruktion von MÄGDEFRAU kommt die Lappigkeit nicht deutlich zum Ausdruck.

ansitzen, sind bis zu 20 cm lang und meist ungeteilt, selten gabelteilig (weitere Übereinstimmung mit *Stylites*, Verff.). Mit fortschreitendem Wachstum der Stammbasis nach der Tiefe zu[1] werden an ihrem unteren Ende in zunehmender Anzahl neue Wurzeln gebildet, am oberen Ende gehen sie an älteren Pflanzen zugrunde. An der Sproßachse sitzen in dichter, spiraliger Stellung die schmal-linealischen, am Grunde herzförmig verbreiterten Blätter; über die Sporangien liegen keine wirklich sicheren Beobachtungen vor" (MÄGDEFRAU 1942, S. 262).

Aus dieser Schilderung ergeben sich zwischen *Stylites* und *Nathorstiana* auffallende habituelle Ähnlichkeiten, die in dem aufrecht wachsenden, bis 20 cm langen Stamm, dessen Erstarkungswachstum und der Bildung kräftiger, bis 20 cm langer, meist unverzweigter Wurzeln gegeben sind. Allein hinsichtlich der Radication scheinen zwischen beiden Unterschiede zu bestehen, obwohl über die Bewurzelung von *Nathorstiana* noch keine restlose Klarheit herrscht. Nach MÄGDEFRAU (1932) „sitzen die Wurzeln besonders dicht dem unteren Teil der Stammbasis an, während die oberen, älteren Wurzeln an größeren Knollen nicht mehr oder nur noch Reste davon erhalten sind" (S. 709). Der von MÄGDEFRAU gegebenen Rekonstruktion der Pflanze (Abb. 37) ist zu entnehmen, daß die Wurzeln allein auf die im Substrat stehende Stammbasis lokalisiert sind. Es ist jedoch zu vermuten, daß diese sich auch weiter oben am Stamm bilden könnten, falls dieser von Substrat bedeckt wäre. Während bei *Nathorstiana* die Wurzeln allem Anschein nach rings um die Stammbasis verteilt sind, was auf eine radiäre Ausbildung des Stammes schließen läßt, finden sich diese bei *Stylites* in der Regel nur auf einer Seite des Stammes; doch gibt es auch hier mehrzeilig bewurzelte Exemplare (s. Abb. 9), welche die Verbindung zu *Nathorstiana* herstellen. Schwierigkeiten bereitet allein der Vergleich der lappigen Stammbasis von *Nathorstiana* mit jener von *Stylites*. Allerdings sind die Angaben von MÄGDEFRAU wohl infolge schlechten Erhaltungszustandes der Fossilien reichlich knapp und unklar, so daß man sich trotz der beigegebenen Abbildung (Taf. XI, Fig. 3) keine rechte Vorstellung davon machen kann. MÄGDEFRAU äußert sich hierzu wie folgt: „An älteren Knollen beobachtet man vielfach noch eine Eigentüm-

---

[1] Ob es sich um eine echte basalwärts gerichtete Verlängerung der Stammbasis handelt, dürfte auf Grund der Pteridophytenorganisation zu bezweifeln sein.

lichkeit. Die untere (jüngste) Partie teilt sich in Lappen auf, in den meisten Fällen in zwei und wird dadurch meißelförmig. Ein altes Exemplar weist sogar 4 Lappen auf, so daß eine ähnliche Gestaltung resultiert wie bei den Stammbasen von *Pleuromeia*" (1932, S. 708). „Da bei den lappigen *Nathorstiana*-Stammbasen die Appendices besonders dicht an den Lappen sitzen, so entsprechen diese den Hörnern der *Pleuromeia*-Stammbasen" (S. 714) jedoch „sind diese bei *Nathorstiana* stark reduziert gegenüber *Pleuromeia*, bei der die 4 Hörner schon an den jüngsten Exemplaren zu sehen sind" (S. 714). Abgesehen von den noch reichlich ungeklärten Gestaltungsverhältnissen der Stammbasen von *Nathorstiana* bestehen indessen mit *Stylites* so weitgehende morphologische Übereinstimmungen, daß die verwandtschaftlichen Beziehungen zwischen diesen beiden vielleicht enger sind als zwischen *Nathorstiana* und *Pleuromeia*. Wir halten es deshalb für gerechtfertigt, auch *Nathorstiana* der Familie der *Isoëtaceae* einzugliedern, wie dies von einigen Systematikern bereits getan worden ist. Das bedingt auch eine Erweiterung der von ENGLER im Syllabus der Pflanzen 7. Aufl. (1912) S. 101 gegebenen Ordnungsdiagnose der:

Isoëtales Engl.[1] emend. W. Rauh

Sporophyt mit verlängertem oder kurz-knollenförmigem, einfachem oder dichotom verzweigtem, in die Dicke wachsendem Stamm und zahlreichen, verlängerten Blättern mit Ligula und Glossopodium oberhalb einer basalen Grube; Wurzeln zahlreich, einfach oder dichotom verzweigt; Sporangien an der Oberseite der Blätter, von Trabeculis durchzogen; Makrosporangien an den äußeren Sporophyllen, Mikrosporangien an den inneren Sporophyllen; zwischen den fertilen Blättern je zweier Jahrgänge einige sterile; die Sporophylle werden gegen Ende der Vegetationsperiode abgeworfen; Entwicklung der Prothallien ähnlich wie bei *Selaginella*; Spermatozoiden policiliat.

Fam. *Isoëtaceae* Bartling emend. W. Rauh[2]

Plantae perennes aquaticae vel amphibiae vel terrestres; caudex elongatus vel globoso-tuberiformis, simplex vel dichotome ramosus, aut basi fissuris 2—4 dehiscens, hac de causa in lobos totidem

---

[1] Hier als Klasse, in der neuesten, von MELCHIOR u. WERDERMANN besorgten 12. Aufl. als Reihe, bei WETTSTEIN (Handb. d. system. Bot., 4. Aufl., S. 382) als Ordnung, ebenso in STRASSBURGER: Lehrbuch d. Botanik, 27. Aufl., 1958, S. 453.

[2] Siehe Anmerkung auf S. 69.

discedens aut basi integra; radices numerosae, simplices vel dichotome ramosae; folia rosulato-fasciculatim inserta, oblongo-lineari vel lineari-filiformia vel obtuso-trigona, margine plus minusve membranaceo-alata, fasciculo vasorum unico et lacunis dissepimentis transversis interceptis percursa, in latere superiore partis basalis ligula linguiformia; sporophylla a trophophyllis parum differentia, in macrosporophylla et microsporophylla divisa; sporangia singulariter in latere superiore prope basim folii vel supra insertionem ejusdem libere sedentia vel foveae immersa, partim velo obtecta, maturitate indehiscentia; macrosporae globoso-tetraëdrae, multo maiores quam microsporae ellipsoideae; et macrosporae et microsporae sporangiis non excedentes; propagatio vel sporis vel propagulis e foliis orientibus.

Ausdauernde Wasser-, Sumpf- oder Landpflanzen; Stamm verlängert oder knollenförmig, einfach oder dichotom verzweigt, an der Basis gelappt oder ungelappt; Wurzeln zahlreich, einfach oder dichotom verzweigt; Blätter rosettig, länglich-linealisch oder pfriemlich, am Rande mehr oder weniger häutig geflügelt, von 1 Blattnerven und 4 gekammerten Luftkanälen durchzogen, auf der Oberseite nahe dem Grunde mit einer zungenförmigen Ligula; Sporophylle von den Trophophyllen nur wenig verschieden, in Makro- und Mikrosporophylle getrennt; Sporangien einzeln auf der Blattoberseite, nahe der Blattinsertion oder oberhalb derselben, freistehend oder in eine Grube eingesenkt, zum Teil von einem Velum überdeckt, bei der Reife nicht aufspringend; Makrosporen kugeltetraëdrisch, viel größer als die ellipsoidischen Mikrosporen; Makro- und Mikrosporen die Sporangien nicht verlassend. Neben der Vermehrung durch Sporen eine solche durch Brutsprosse auf den Blättern (Aposporie).

A. Stamm kurz-knollenförmig, an der Basis meist gelappt; Wurzeln dichotom verzweigt; Sporangien nahe der Blattinsertion: *Isoëtes* L.
   Zahlreiche Arten überwiegend aus temp.-calid. Gebiet der nördlichen Hemisphäre; nur wenige trop. und temp. auf der südlichen Hemisphäre.

B. Stamm verlängert; Wurzeln meist unverzweigt; Sporangien oberhalb der Blattinsertion (soweit bekannt).

   I. Pflanzen einzeln wachsend; Wurzeln nur auf die Stammbasis beschränkt und rings um diese verteilt (?); Sporangien nicht bekannt:
   Nathorstiana P. Richter

   3 Arten aus dem Neokom von Quedlinburg:
   N. arborea P. Richter; *N. gracilis* P. Richter; *N. squamosa* P. Richter[1]

   II. Pflanzen selten einzeln wachsend, meist größere Polster bildend; Wurzeln längs der gesamten Sproßachse in akropetaler Folge entstehend, einer, seltener zwei oder drei Längsfurchen entspringend:
   Stylites E. Amstutz

   2 Arten
   St. andicola E. Amstutz, Zentralperu, hochandine Region,
   St. gemmifera Rauh, Zentralperu, hochandine Region.

---

[1] Mägdefrau sieht in *N. gracilis* nur die Jugendform von *N. arborea*; ebenso zweifelt er die Existenz von *N. squamosa* an.

Abschließend sei noch kurz die Frage angeschnitten, ob wir in *Stylites* die gegenüber *Isoëtes* stammesgeschichtlich ältere Gattung zu sehen haben. Wenn wir uns der allgemein verbreiteten Ansicht anschließen, die *Isoëtales* als reduzierte *Lycopodiinae* und die heute lebenden Arten als Überreste der in älteren Erdperioden formenreicheren Gruppen anzusehen, dann ist die Frage zu bejahen, die Stammbildung von *Stylites* zeigt zweifelsohne — wenn auch in reduzierter Form — noch deutliche Anklänge an gewisse fossile Gruppen. Zudem zeichnet sich *Stylites* gleich den meisten der fossilen *Lycopodiinae* durch eine emerse Lebensweise aus. Solange indessen unsere Kenntnisse um die Verbreitung dieser neuen Gattung noch so gering sind, können wir für obige Annahme keinerlei Beweise erbringen. Es ist durchaus anzunehmen, daß *Stylites* eine heute im Aussterben begriffene Gattung ist und ehemals ein weit größeres Areal innehatte. Es wäre deshalb eine lohnende Aufgabe, die zum Teil recht ausgedehnten Torfablagerungen der Hochanden Perus und überhaupt des gebirgigen Südamerikas auf fossile Reste von Isoëtaceen hin zu untersuchen.

Auf alle Fälle — dies sei abschließend nochmals betont — liegt in *Stylites* einer der bemerkenswertesten Pteridophytenfunde und zugleich das bisher fehlende Bindeglied in der Entwicklungsreihe *Pleuromeia-Nathorstiana-Isoëtes* vor.

6. Zur Verbreitung der südamerikanischen, insbesondere der andinen *Isoëtes*-Arten

Isoëtes ist sowohl in ökologischer als auch in pflanzengeographischer Hinsicht eine recht bemerkenswerte Gattung. Ihre Vertreter finden sich submers in Seen bis zu 2 m Wassertiefe; sie treten als Sumpfpflanzen in Erscheinung, leben aber auch terrestrisch und zeigen dann Anpassungen an zum Teil extrem trockene Standorte. Obwohl in allen Erdteilen beheimatet, lassen sich gewisse Verbreitungszentren, so in Europa und Nordamerika erkennen. Diesem hier gehäuften Vorkommen stehen, soweit wenigstens bis heute bekannt, nur relativ wenige Fundorte aus anderen Erdteilen gegenüber, was mit WEBER wohl damit begründet werden kann, daß die Pflanzen infolge ihres unscheinbaren Habitus vielfach übersehen, resp. „mit sterilen Monokotylen oder dergleichen verwechselt worden sind" (WEBER, 1934, S. 121).

Uns interessieren in diesem Zusammenhang allein die südamerikanischen Arten, von denen in den letzten Jahren eine Reihe

neuer beschrieben, so daß bisher insgesamt 29 Arten (s. Index
Isoëtales, 1953) und einige Varietäten bekannt geworden sind,
immerhin eine recht beachtliche Zahl, wenn man berücksichtigt,
daß noch weite Teile des Kontinents floristisch als wenig durchforscht gelten können. Nach Weber, von dem bereits eine Studie
über die Verbreitung der südamerikanischen Isoëten vorliegt, sind
diese vorwiegend auf die gebirgigen Teile Südamerikas beschränkt,
während mit Ausnahme von *I. amazonica* „die ausgedehnten Tief-
länder mit ihren gewaltigen Strömen von diesen Wasserpflanzen
fast völlig gemieden werden" (Weber, 1921, S. 256).

Innerhalb der südamerikanischen Arten lassen sich nun deutlich
zwei Entwicklungsgruppen unterscheiden, die sich hinsichtlich der
Oberflächenstruktur ihrer Makrosporen[1] und auch ihrer geographi-
schen Verbreitung unterscheiden. Die Vertreter der ersten Gruppe
besitzen **strukturierte** (mit Höckern, Leisten oder Netzmuster)
versehene Makrosporen. Ihr Verbreitungszentrum scheint im Osten
des Kontinentes, im brasilianischen Hügelland von Itatiaia zu liegen. Die Vertreter der zweiten Gruppe hingegen besitzen **glatte**
Makrosporen; sie sind als die eigentlichen andinen Arten zu betrachten, die in ihrer Verbreitung auf die hochandine Region
lokalisiert sind[2]. Außerhalb der Anden ist nach Weber (1921)

---

[1] Nach Weber (1921) und Pfeiffer (1922) ist die Oberflächenstruktur
ein wichtiges diagnostisches Merkmal.

[2] Außerhalb Südamerikas finden sich nach Weber glattsporige Arten
nur noch in folgenden Gebieten:

a) *Im australischen Florenbereich:* 2 Arten.

I. gunnii A. Br., Tasmanien, 3000 Fuß hoch.

(Nach Pfeiffer, 1922, S. 124 sind die Makrosporen aber "marked
with small distant tubercles").

I. alpina Kirk., Neuseeland, 1800—3000 Fuß hoch.

(Nach Pfeiffer, 1922, S. 122 sind die Makrosporen "chiefly smoothish,
sometimes marked with large tubercles, few in number").

b) *in Mittelamerika (Haiti):* 1 Art.

I. tuerckheimii Brause, San Domingo, 2200 m hoch.

(Nach Pfeiffer, 1922, S. 147 sind die Makrosporen "smooth or likely
marked with rather distant low warts").

c) *In Nordamerika:* 1 Art.

I. melanopoda Gay et Dur.

[Nach Baker, Handbook of the Fern Allies, London 1887, sind die
Makrosporen „nearly or quite smooth beyond the ribs", nach Moteley und
Vendryès (1882) scheinen ziemlich große Höcker vorhanden zu sein und
nach Pfeiffer (1922, S. 149 u. Taf. 17, Fig. 27) sind diese "marked with
low tubercles, frequently confluent into short low wrinkles".]

Da bei all den zitierten Arten hinsichtlich der Struktur der Makrosporen
sich widersprechende Angaben vorliegen, bedürfen diese einer nochmaligen
Überprüfung. Sollten sie sich dann als nahe verwandt mit den glattsporigen

I. hieronymi[1] die einzige glattsporige Art. „Sie wurde im brasilianischen Bergland bei 2300 m gesammelt und ebenso in der pampinen Sierra bei Cordoba, die einen Ausläufer der Anden darstellt und somit noch zum andinen Florenreich gehört" (WEBER, 1921, S. 258).

In den Anden selbst sind von den bisher gefundenen Arten die folgenden glattsporig:

I. karstenii A. Br.: Venezuela, Gebirge von Merida, 8000 Fuß (A. BRAUN, 1861—1862, S. 332).

I. laevis Web.: Peru, Deptm. Ancash, Cordillera Negra, oberhalb Caraz, 4400 m [WEBERBAUER, Nr. 3111; WEBER, 1921, S. 253][2].

I. peruviana Web.: Peru, Prov. Tarma, Deptm. Junin bei Huacapistana, 3500 m [WEBERBAUER, Nr. 2228; WEBER, 1921, S. 246].

I. lechleri Mett.: Venezuela, Kolumbien, Ecuador und Peru. Hier an folgenden Standorten: Westcordillere zwischen Pisco und Ayacucho bei der Lagune Choclococha, 4400 m [WEBERBAUER, 1945, S. 399]; See bei Agapata [A. BRAUN, 1861—1862, S.331; LECHLER Nr. 1937]; Cord. Raura, 4500 m, Deptm. Lima [RAUH, 1954, Nr. P 1859][3], Argentinien: Sierra de Cordoba [PFEIFFER, 1922, S. 27; G. MANDON, Nr. 1532; ASPLUND, 1926, S. 34, Nr. 3895].

I. boliviensis Web.: Bolivien, bei La Paz, 5000 m [WEBER, 1921, S. 27; G. MANDON Nr. 1532; ASPLUND, 1926, S. 34, Nr. 3895].

I. herzogii Web.: Bolivien bei Tunari, 4300 m [WEBER, 1921, S. 250; HERZOG Nr. 2083][4].

---

andinen Arten erweisen, so wären interessante pflanzengeographische Beziehungen von Süd- über Mittel- nach Nordamerika einerseits und zum australischen Florenreich andererseits gegeben. Das Entwicklungszentrum der glattsporigen Isoëten dürfte jedenfalls in den Anden liegen.

[1] Vergl. hierzu die Bemerkung von WEBER, 1934, S. 124.

[2] Die Standortsangabe bei WEBER (1921, S. 253): „Dep. Ancachs, Cordillera regia über Caraz" muß wohl heißen: Dep. Ancash, Cordillera Negra über Caraz. WEBER ist sich selbst nicht klar darüber, ob es sich bei *I. laevis* um eine eigene Art oder nur um eine Varietät von *I. lechleri* resp. *karstenii* oder *herzogii* handelt (WEBER, 1921, S. 253). WEBERBAUER (1945, S. 407) gibt für den gleichen Standort (ohne Sammel-Nr.) noch *I. socia* an. Es ist nicht ersichtlich, ob es sich dabei um die von WEBER neu beschriebene *I. laevis* oder um *I. lechleri* handelt, denn *I. socia* wurde später von BRAUN als identisch mit *I. lechleri* betrachtet.

[3] Bestimmung von D. MEYER, Berlin-Dahlem. Die bei WEBERBAUER (1945, S. 547) aufgeführte Standortsangabe von *I. lechleri* (ohne Sammel-Nr.) bei Huacapistana ist wohl zu streichen. Dieser Fund dürfte identisch sein — auf Grund der Standortsangaben bei WEBER (1921, S. 247) — mit *I. peruviana* Web. (WEBERBAUER, Sammel-Nr. 2228).

[4] Nach WEBER (1934) bezieht sich die argentinische Standortsangabe bei PFEIFFER (1922, S. 138) auf die von ihm beschriebene *I. hieronymi* Web.

I. glacialis Aspl.: Bolivien, Prov. Murillo bei La Cumbre, 4700 m. [Asplund 1926, S. 35, Nr. 4041][1].

Aus dieser Zusammenstellung geht hervor, daß von diesen allein 3 Arten (*I. laevis*, *I. lechleri* und *I. peruviana*) in den Anden Perus vorkommen und zwar gehäuft in Zentralperu (Abb. 38), so daß man geneigt sein könnte, hier das Entwicklungszentrum der glattsporigen Arten zu suchen. Von Zentralperu aus hätten sich diese dann nach Norden bis nach Mittelamerika und nach Süden über Bolivien bis nach Argentinien ausgebreitet[2]; auf welchem Wege dies erfolgt ist, darüber sind nur Vermutungen anzustellen, denn über die Verbreitungsmöglichkeiten von *Isoëtes* sind wir nur recht mangelhaft orientiert.

Es ist von besonderem Interesse, daß auch *Stylites* trotz ihres von den übrigen südamerikanischen *Isoëtes*-Arten abweichenden Habitus dem glattsporigen Formenkreis angehört und sich dessen Verbreitungszentrum einordnet. Innerhalb dieses Formenkreises würden sich jetzt also zwei Entwicklungslinien abzeichnen, die zu verschiedenen Wuchsformen geführt haben: zu der mehr terrestrisch[3] lebenden, „rhizom"-bildenden *Stylites* und der submers wachsenden *Isoëtes* mit knollig verkürztem Stamm. Welche von beiden als die phylogenetisch ältere zu betrachten ist, läßt sich, wie schon auf S. 75 diskutiert, nur vermuten, jedoch nicht beweisen. Ebenso wenig können wir heute schon die Frage beantworten, ob wir in der Ausbildung glatter, strukturloser Makrosporen ein ursprüngliches oder abgeleitetes Merkmal zu sehen haben. Wir können nicht einmal mit Sicherheit sagen, ob die Sporenstruktur bei *Isoëtes* ein absolut erbkonstantes Merkmal ist. So führt Pfeiffer an, daß bei einundderselben Art, z. B. bei der an der Westküste

---

[1] Ob alle diese oben aufgeführten Arten zu Recht bestehen, bedarf wohl noch der Nachprüfung an lebendem Material. So werden in der Monographie von Pfeiffer (1922) und im Index *Isoëtales* von Reed (1953) *I. karstenii* A. Br. als synonym von *I. lechleri* betrachtet, wenngleich auch Weber (1921, S. 250) auf die zwischen beiden bestehenden Unterschiede hinsichtlich der Exosporstruktur der Mikrosporen hinweist: Bei *I. lechleri* sind diese mit ganz spärlichen Stacheln besetzt, bei *I. karstenii* aber dicht mit langen, feinen Stacheln. Über die im einzelnen sehr geringfügigen Unterschiede der übrigen Arten s. bei Weber, 1921.

[2] Voraussetzung für diese Annahme ist, daß die Glattsporigkeit als Merkmal systematischer Verwandtschaft gewertet werden kann.

[3] *Stylites* ist die einzige aus Südamerika bekannt gewordene nicht submers lebende *Isoëtaceae*.

Nordamerikas verbreiteten *I. bolanderi* neben normal strukturierten Makrosporen gelegentlich auch glatte auftreten können. Wenngleich nach PFEIFFER die Sporenstruktur ein wertvolles Hilfsmittel zur Abgrenzung gewisser Formenkreise bildet, so müssen auch

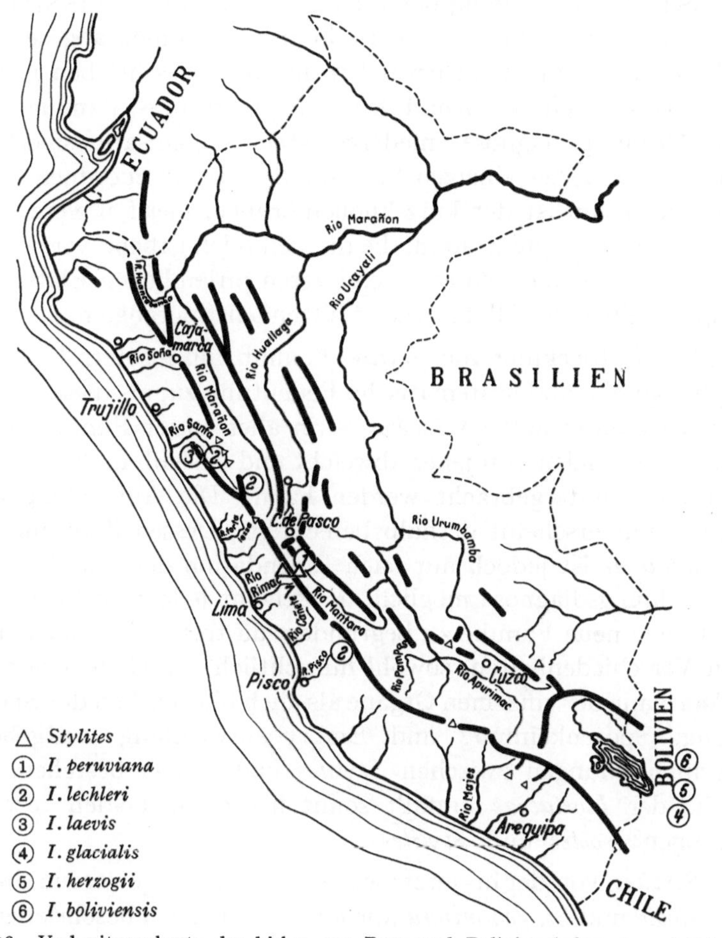

Abb. 38. Verbreitungskarte der bisher aus Peru und Bolivien bekannten *glattsporigen* Isoëtaceen

"other features, even geographical range as supplementary points" (S. 101) herangezogen werden.

Über die Phylogenie der verschiedenen *Isoëtes*-Sektionen, wie sie von PFEIFFER (1922) auf Grund der Makrosporenstrukturen aufgestellt werden, läßt sich ohne cytologische Untersuchungen nichts Abschließendes aussagen, und die Chromosomenverhältnisse sind erst für wenige Arten bekannt[1].

7. Zusammenfassung

1. Seit der Aufstellung der Gattung *Isoëtes* durch LINNÉ (1753) sind — von den zahlreichen Varietäten und Formen abgesehen — rund 130 Arten aus allen Erdteilen der Welt beschrieben worden. Sie alle lassen sich auf Grund der in der Gattungs-, Familien- und auch Ordnungsdiagnose niedergelegten Organisationsmerkmale zwanglos der bisher einzigen bekannten Gattung zuordnen; ihnen allen gemeinsam ist der kurz-knollenförmige, meist unverzweigte, an der Basis gelappte Stamm, die dünnen reich gabelig verzweigten Wurzeln, die in einer Rosette vereinigten pfriemlichen Blätter und die unmittelbar der Blattbasis aufsitzenden Sporangien.

2. Der Entdeckung von *Stylites* kommt nun insofern besondere morphologische und systematische Bedeutung zu, als diese — trotz enger Verwandtschaft zu *Isoëtes* — in allen unter Punkt 1 aufgeführten Merkmalen von jener abweicht und deshalb in der Gattung selbst nicht untergebracht werden kann. Die Aufstellung eines neuen Genus erscheint deshalb berechtigt. Dessen Zuordnung zu den *Isoëtaceae* ist jedoch nur nach Emendation der Familien- und auch Ordnungsdiagnose möglich. Es scheint jedoch nicht gerechtfertigt, eine neue Familie zu begründen, da trotz aller morphologischen Verschiedenheiten, sowohl hinsichtlich der Histogenese und der Anatomie der einzelnen Organe als auch hinsichtlich der Sporenbildung, Sporenkeimung und Embryoentwicklung weitgehende Übereinstimmungen zwischen *Stylites* und *Isoëtes* bestehen. Die Familie der *Isoëtaceae* umfaßt somit heute die beiden rezenten Gattungen *Isoëtes* und *Stylites*.

3. *Stylites*, von der bis jetzt zwei Arten bekannt geworden sind — *St. andicola* und *St. gemmifera* (die letztere wird neu beschrieben) — ist eine zentralperuanische, hochandine, polsterbildende Sumpfpflanze, deren Einzeltriebe einen auffallend verlängerten, rhizomartigen Stamm besitzen. Infolge seines orthotropen Wuchses zeigt

---

[1] Die bei MANTON (1950, S. 261) für *I. echinospora* angeführte Chromosomenzahl $n = 54 - 56$ ist zu korrigieren. Sie wird richtig von TISCHLER mit $n = 11$ (Allgemeine Pflanzenkaryologie, in: Linsbauer Handb. der Pflanzenanatomie I. Abt., 1. Teil, S. 549) angegeben. Unsere an *I. echinospora* aus dem Longemer (Vogesen) durchgeführten Zählungen bestätigen diese Angabe.

dieser — wenn auch in reduzierter Form — Anklänge an die stammbildenden fossilen Lycopsiden. Gleich diesen neigt auch der Stamm
von *Stylites* zu dichotomer Verzweigung, während jener von *Isoëtes*
normalerweise unverzweigt ist. Umgekehrt haben die bei *Isoëtes*
reich gegabelten Wurzeln bei *Stylites* die Fähigkeit zur Verästelung
weitgehend verloren. Sie werden bis zu 20 cm lang und entspringen
einer, seltener zwei oder drei Längsfurchen des Stammes, worin eine
deutliche Dorsiventralität der Achse zum Ausdruck kommt.

4. In der Verteilung der Sporophylle, die wie bei *Isoëtes* in Makro-
und Mikrosporophylle getrennt sind, zeigt *Stylites* die Tendenz zur
Diözie, indem an einer Pflanze entweder nur Makro- oder nur Mikrosporophylle zur Ausbildung kommen, die — der Dorsiventralität des
Stammes zufolge — vorwiegend nur auf der im Wachstum geförderten, wurzelabgewendeten Seite der Rosette angelegt werden. Treten
beide Sporophyllarten an einer Pflanze auf, so überwiegt stets eine
von beiden.

5. Die Sporangien finden sich nicht wie bei *Isoëtes* unmittelbar
am Grunde der Sporophylle, sondern 1—1,5 cm oberhalb der Blattinsertion. Sie sind in eine nur flache Grube versenkt und nicht
von einem Velum überdeckt.

6. Neben der Vermehrung durch Sporen findet bei *St. gemmifera*
eine ausgiebige vegetative (Aposporie) durch blattbürtige Brutsprosse statt.

7. Auf Grund der ausgeprägten Stammbildung und der unverzweigten Wurzeln wird eine Verwandtschaft zwischen *Stylites* und
der fossilen, in ihrer systematischen Stellung noch nicht restlos
geklärten *Nathorstiana* angenommen und die erstere als das Bindeglied in der Entwicklungsreihe *Pleuromeia-Nathorstiana-Isoëtes* betrachtet.

8. Untersuchungen über die Verbreitung südamerikanischer
Isoëtes-Arten haben ergeben, daß diese zwei Entwicklungsgruppen
angehören: Die Vertreter der einen haben strukturierte Makrosporen — ihr Verbreitungszentrum ist das brasilianische Bergland;
die Vertreter der zweiten Gruppe hingegen besitzen glatte Makrosporen und sind in ihrer Verbreitung auf die hochandine Region
beschränkt, wobei Zentralperu als deren Entwicklungszentrum angenommen werden kann. Interessanterweise gehört auch *Stylites*
der glattsporigen Gruppe an. Es wird die Frage diskutiert, welche

von den beiden Isoëtaceen-Gattungen die entwicklungsgeschichtlich
ältere ist.

Literatur

AMSTUTZ, E.: *Stylites*, a new genus of *Isoëtaceae*. Ann. Missouri bot.
Gard. **44**, 121—123 (1957). — ASPLUND, E.: Eine neue *Isoëtes*-Art aus
Ecuador. Bot. Not. 1925, 357—361 (Lund). — Contributions to the
flora of the Bolivian Andes. Ark. Bot. **20**, Nr 7 (1926). — BRAUN, A.:
Über die nordamerikanischen *Isoëtes*-Arten. Flora (Jena) **29**, 177—180
(1846). — Weitere Bemerkungen über *Isoëtes*. Flora (Jena) **30**, 33—36
(1847). — Zwei deutsche *Isoëtes*-Arten nebst Winken zur Aufsuchung derselben. Anhang: Über einige ausländische Arten der Gattung *Isoëtes*. Verh.
bot. Ver. Prov. Brandenburg H. **3/4**, 299—333 (1861/62). — *Isoëtes*-Arten
der Insel Sardinien. Mber. kgl. preuß. Akad. Wiss., Berlin 1863, 554 bis
621. — BRUCHMANN, H.: Über Anlage und Wachstum der Wurzel von
Lycopodium und *Isoëtes*. Jena. Z. f. Naturw., N. F. **8**, 522—578 (1874). —
CAMPBELL, D. H.: Die ersten Keimungsstadien der Makrospore von *Isoëtes
echinospora* Dur. Ber. dtsch. bot. Ges. **8**, 97—100 (1890). — Contributions
to the life history of *Isoëtes*. Ann. Botany **5**, 231—258, 1890—1891. —
EAMES, A. J.: Morphology of vascular plants. Lower Groups (*Psilophytales*
to *Filicales*). New York and London 1936. — ENGELMANN, G.: The genus
Isoëtes in North America. Trans. Acad. Sci. (St. Louis) **4**, 358—390 (1881). —
ENGLER, A.: Syllabus der Pflanzenfamilien. 12. von H. MELCHIOR u. E.
WERDERMANN bearbeitete Aufl. Bd. I: Bakterien bis Gymnospermen.
Berlin 1954. — ENGLER, A., u. E. GILG.: Syllabus der Pflanzenfamilien, 7. Aufl.
Berlin 1912. — FARMER, J. B.: On *Isoëtes lacustris*. Ann. Botany **5**, 37—62
(1890). — FITTING, H.: Bau und Entwicklungsgeschichte der Makrosporen
von *Isoëtes* und *Selaginella* und ihre Bedeutung für die Kenntnis des Wachs-
tums pflanzlicher Zellmembranen. Bot. Ztg. **58**, 107—164 (1900). — GOEBEL,
K. v.: Über Sproßbildung auf *Isoëtes*-Blättern. Bot. Ztg **37**, 1—6 (1879). —
Organographie der Pflanzen. Bd. II: Bryophyten-Pteridophyten, 3. Aufl.
Jena 1930. — GOTHAN, W. u. H. WEYLAND: Lehrbuch der Paläobotanik.
Berlin 1954. — GRENDA, A.: Über die systematische Stellung der Isoëtaceen.
Bot. Archiv **16**, 268—296 (1926). — GUTTENBERG, H. v.: Der primäre Bau
der Angiospermenwurzel. In Handbuch der Pflanzenanatomie. II. Abt.,
Teil 3: Samenpflanzen, Bd. VII, Berlin 1940. — HEGELMEIER, F.: Zur Mor-
phologie der Gattung *Lycopodium*. Bot. Ztg **30**, 773—779, 788—801, 804—834,
836—847 (1872). — HIRMER, M.: Handbuch der Paläobotanik. Bd. I:
Thallophyta-Bryophyta-Pteridophyta. München u. Berlin 1927. — HOF-
MEISTER, H.: Beiträge zur Kenntnis der Gefäßkryptogamen. II. Abh. kgl.
Sächs. Ges. Wiss., Math.-phys. Kl. **5**, 603—682 (1857). — ITERSON. G. v.:
Studien zur Blattstellung. Jena 1907. — KIENITZ-GERLOFF, F.: Über Wachs-
tum und Zellteilung und die Entwicklung des Embryos von *Isoëtes lacustris*.
Bot. Ztg **39**, 760—770, 784—794 (1881). — KRUCH, O.: Istologia et istogenia
del fascio conduttore delle foglie di *Isoëtes*. Malpighia **4**, 56—82 (1890). —
LANG, W. H.: Studies in the morphology of *Isoëtes*. I. The general morpho-
logy of the stock of *Isoëtes lacustris*. Mem. Proc. Manchester Lit. and Phil.
Soc. **59**, 1—25 (1915). — LIEBIG, J.: Ergänzungen zur Entwicklungsge-
schichte von *Isoëtes lacustris* L. Flora (Jena), N. F. **25**, 321—358 (1930). —
MÄGDEFRAU, K.: Über *Nathorstiana*, eine Isoëtale aus dem Neokom von
Quedlinburg a. Harz. Beih. bot. Zbl., Abt. II, **49**, 706—717 (1932). —
Paläobiologie der Pflanzen. Jena 1942. — MANTON, I.: Problems of cytology
and evolution in the Pteridophyta. Cambridge 1950. — MEYER, D.: Über

ein interessantes Brachsenkraut aus Peru. Willdenowia, Mitt. aus dem Bot. Garten und Museum Berlin-Dahlem, Bd. 2, H. 1, 32—40 1958. — MOHL, H. v.: Über den Bau des Stammes von *Isoëtes lacustris*. Linnaea 14, 181—193 (1840). — Über den Bau von *Isoëtes lacustris*. Vermischte Schriften X, S. 122—128. 1845. — MORTON, C. V.: A new species of *Isoëtes* from Columbia. Amer. Fern J. 35, 48—49 (1945). — MOTELAY, L., et A. VENDRYÈS: Monographie des *Isoëteae*. Acta Soc. Linn. Bordeaux, Sér. IV, 6, 309—404 (1882). — MÜLLER, K.: Geschichte der Keimung von *Isoëtes lacustris*. Bot. Ztg. 6, 297—304, 313—320, 329—337, 345—354 (1848). — OGURA, Y.: Anatomie der Vegetationsorgane der Pteridophyten. In Handbuch der Pflanzenanatomie, hrsg. von K. LINSBAUER. Bd. VII, Teil 2: Archägoniaten. Berlin 1938. — PALMER, T. C.: A monograph of the *Isoëtaceae*. Amer. Fern J. 13, 89—92 (1923). — *Isoëtes Lechleri*. Amer. Fern J. 19, 17—19 (1929). — Tropical American *Isoëtes*. Amer. Fern J. 21, 132—136 (1931). — More about *Isoëtes Lechleri* Mett. Amer. Fern J. 22, 129—132 (1932). — PFEIFFER, N. E.: Monograph of the *Isoëtaceae*. Ann. Missouri bot. Gard. 9, 79—232 (1922). — RAUH, W.: Über polsterförmigen Wuchs. Ein Beitrag zur Kenntnis der Wuchsformen der höheren Pflanzen. Nova Acta Leopoldina, N. F. 7 (1939). — REED, C. F.: Index *Isoëtales*. Bol. Soc. Broter., II. ser. 27, 5—72 (1953). — RICHTER, P. B.: Über *Nathorstiana* und *Cylindrites spongioides*. Z. dtsch. geol. Ges. 62, 278—284 (1910). — SADEBECK, R.: *Isoëtaceae* (der Jetztzeit). In: Die Natürlichen Pflanzenfamilien, hrsg. von A. ENGLER, Teil I, Abt. 4. Leipzig 1902. — SCOTT, D. H., and T. G. HILL: The structure of *Isoëtes hystrix*. Ann. Botany 14, 497—525 (1900). — SMITH, R. W.: The structure and development of the sporophylls and sporangia of *Isoëtes*. Bot. Gaz. (Chicago) 29, 225—258, 323—346 (1900). — SNOW, R.: Probleme der Blattstellung. Endeavour 14, Nr 56, 190—199 (1955). — SOLMS-LAUBACH, H., Graf von: Über das Genus *Pleuromeia*. Bot. Ztg 57, 227—243 (1899). — *Isoëtes lacustris*, seine Verzweigung und sein Vorkommen in den Seen des Schwarzwaldes und der Vogesen. Bot. Ztg 60, 179—206 (1902). — STOKEY, A. G.: The anatomy of *Isoëtes*. Bot. Gaz. (Chicago) 47, 311—335 (1909). — SVENSON, H. K.: A new *Isoëtes* from Ecuador. Amer. Fern J. 34, 121—125 (1944). — TROLL, W.: Vergleichende Morphologie der höheren Pflanzen. Bd. I: Vegetationsorgane, Teil I—III. Berlin 1937—1941. — TROLL, W., u. W. RAUH: Das Erstarkungswachstum krautiger Dikotylen mit besonderer Berücksichtigung der primären Verdickungsvorgänge. S.-B. Heidelberg. Akad. Wiss. 1950. — WEBER, U.: Zur Anatomie und Systematik der Gattung *Isoëtes* L. Hedwigia 63, 219—262 (1922). — Neue südamerikanische *Isoëtes*-Arten. Ber. dtsch. bot. Ges. 52, 121—125 (1934). — WEBER-BAUER, A.: El mundo vegetal de los Andes peruanos. Lima 1945. — WEST, C., and H. TAKEDA: On *Isoëtes japonica*. Trans. Linn. Soc., II. ser. Bot. 8, 333—376 (1915). — WETTSTEIN, R.: Handbuch der systematischen Botanik, 4. Aufl. Leipzig u. Wien 1935.

Sitzungsberichte
der Heidelberger Akademie der Wissenschaften
Mathematisch-naturwissenschaftliche Klasse

Jahrgang 1959, 2. Abhandlung

Stylites E. Amstutz, eine neue Isoëtacee aus den Hochanden Perus

2. Teil: Zur Anatomie des Stammes mit besonderer Berücksichtigung der Verdickungsprozesse

Von

Werner Rauh und Heinz Falk

Botanisches Institut der Universität Heidelberg

Mit 42 Textabbildungen und 1 Farbtafel

(Vorgelegt in der Sitzung vom 14. Februar 1959)

Springer-Verlag Berlin Heidelberg GmbH 1959

ISBN 978-3-540-02467-5   ISBN 978-3-642-88321-7 (eBook)
DOI 10.1007/978-3-642-88321-7

Stylites E. Amstutz, eine neue Isoëtacee aus den Hochanden Perus

2. Teil: Zur Anatomie des Stammes mit besonderer Berücksichtigung
der Verdickungsprozesse

von

Werner Rauh und Heinz Falk

Botanisches Institut der Universität Heidelberg

Mit 42 Textabbildungen und 1 Farbtafel

Inhaltsverzeichnis

Einleitung

Im 1. Teil unserer Untersuchungen (S.-B. Heidelbg. Akad., 1959, H. 1) an der neuentdeckten Isoëtacee *Stylites* hatten wir uns eingehend mit der allgemeinen Morphologie der Pflanze sowie dem anatomischen Bau und der Entwicklungsgeschichte ihrer vegetativen und generativen Organe befaßt. Auf Grund der hierbei gewonnenen Ergebnisse wurde eine systematische Gruppierung dieses recht bedeutsamen Pflanzenfundes in der Weise vorgenommen, daß sowohl verwandtschaftliche Beziehungen zur rezenten *Isoëtes* als

auch zur fossilen, bislang in ihrer systematischen Stellung noch ungeklärten *Nathorstiana* angenommen wurden. Wir hatten von einer
Darstellung der Anatomie des Stammes und der bei dessen Wachstum sich abspielenden Verdickungsprozesse bewußt abgesehen:
Beim Literaturstudium der zahlreichen, vorwiegend anatomischen
Untersuchungen, die seit nahezu 100 Jahren an mehreren Ver-
tretern der Gattung *Isoëtes* durchgeführt worden sind — nimmt
diese doch im Bereich der rezenten Pteridophyten insofern eine
Sonderstellung ein, als sie mit sekundärem, kambialem Dickenwachstum ausgestattet ist —, fällt auf, daß auch heute noch keine
völlige Klarheit über den Vorgang der Achsenverdickung, die Art
der Kambientätigkeit und den histologischen Bau des zentralen
Gefäßbündels herrscht. Die hierüber in der Literatur bestehenden
Widersprüche dürften z. T. ihre Erklärung darin finden, daß nahezu
alle Autoren unter Vernachlässigung des entwicklungsgeschichtlichen Moments der sich am Achsenscheitel abspielenden Zell-
teilungs- und Differenzierungsvorgänge ihre Aufmerksamkeit allein
dem Kambium und dem hiervon abhängigen sekundären Dickenwachstum zuwandten. Nun haben aber neuere Untersuchungen
über das Dickenwachstum der Sproßachsen höherer Pflanzen gezeigt, daß ohne das Studium der histologischen Zonierung des Vegetationspunktes und seines im Verlauf der Erstarkung sich vollziehenden Formwechsels vielfach diesbezüglich unrichtige Vorstel-
lungen entstanden sind. Daher muß es eine der wesentlichsten Auf-
gaben der vorliegenden Studie sein, eine detaillierte Analyse des
Scheitelbaues zu geben, um von hier aus eine Lösung der Frage der
Achsenverdickung anzustreben. Dies stößt bei der stammbildenden
Stylites insofern auf wesentlich geringere Schwierigkeiten, da hier
infolge vorherrschenden Längenwachstums die Differenzierungsvorgänge am Scheitel sich weitaus übersichtlicher gestalten als bei
Isoëtes mit ihrer kurz-knolligen Achse. Wir glauben daher, mit unserer
Untersuchung die Grundlagen zur Klärung der bei letzterer noch
offenen Probleme zu erlangen.

Es ist uns wiederum eine angenehme Pflicht, der Heidelberger Akademie
der Wissenschaften und der Deutschen Forschungsgemeinschaft für die finan-
zielle Unterstützung bei der Beschaffung des Untersuchungsmaterials sowie
für die Zurverfügungstellung eines Forschungsmikroskops unseren ergebensten Dank auszusprechen. Dank gebührt auch Herrn Studienrat Dr. R.
SCHINDLER für die Hilfe bei der Ausführung der Zeichnungen.

Die Pflanzen wurden zur anatomischen und histologischen Untersuchung
in FPA fixiert, nach der üblichen Methode weiterbehandelt, auf dem Paraffin-
mikrotom in Schnitte von 8—15 μ Dicke zerlegt und mit Safranin-Fast Green

gefärbt (nach Johansen 1940). Mit dieser Färbung wurden sowohl bei *Isoëtes* als auch bei *Stylites* die besten Resultate erzielt. Für histochemische Untersuchungen dienten Gefrierschnitte von lebenden Pflanzen, welche mit dem von Duspiva-Dittes entwickelten Kryostaten angefertigt wurden.

Da in anatomischer Hinsicht zwischen den von uns in Teil 1 beschriebenen *Stylites*-Arten keine grundsätzlichen Unterschiede bestehen, können beide gemeinsam abgehandelt werden.

1. Der anatomische Bau des Stammes

von *Stylites* orientieren wir uns am besten an Hand von Längs- und Querschnitten durch ältere Exemplare von *St. andicola*. Wie aus Abb. 1, I—II zu entnehmen ist, besteht der Achsenkörper zum allergrößten Teil aus von Blatt- und Wurzelspuren durchzogenem und vorwiegend der Stoffspeicherung (Stärke und Öl) dienendem *Rindenparenchym* (*R*), in welches das im Durchmesser relativ kleine *Gefäßbündel* (*Z*) eingebettet ist. Wie auf S. 44 ausführlich begründet wird, ist das erstere histogenetisch kein einheitliches Gewebe, sondern setzt sich aus *primärer* und *sekundärer* Rinde zusammen. Beide sind jedoch auf Querschnitten, die durch ältere Achsenpartien geführt werden, nicht scharf gegeneinander abzugrenzen.

Die primäre Rinde zeigt nun ihrerseits eine gewisse Differenzierung: Ihr peripherer Abschnitt besteht aus großen, $\pm$ isodiametrischen, lückenlos aneinandergrenzenden Zellen mit relativ dicken Zellulosemembranen (Abb. 1, III); sie sind meist frei von Speicherstoffen und verdanken ihre Entstehung den die Sproßachse „berindenden" Blattbasen. Im Verlauf des Dickenwachstums nehmen die äußersten Zellschichten schon wenig unterhalb des Scheitels eine braune Färbung an und obliterieren; sie werden jedoch nicht abgestoßen und durch neue ersetzt, sondern dieses Abschlußgewebe (Abb. 1, III, *A*), das funktionell einem Korkmantel zu vergleichen ist, bleibt in seiner Gesamtheit lange Zeit erhalten, was daran kenntlich ist, daß das Narbenmuster der bereits verrotteten Rosettenblätter sich weit basalwärts an der Achse verfolgen läßt (s. 1. Teil, Abb. 2, II). Das Abschlußgewebe einschließlich der speicherstofffreien Zellen können wir als „Außenrinde" (Abb. 1, III, *aR*) bezeichnen. An sie schließt sich nach innen, je nach Durchmesser der Achse, eine $\pm$ breite Zone von großen Interzellularen durchsetzter „Innenrinde" an, welche wohl funktionell einem Aerenchym entspricht. Deren Zellen sind zartwandig, von abgerundeter Gestalt (Abb. 36, I—II) und mit Speicherstoffen erfüllt; gegen das Zentrum

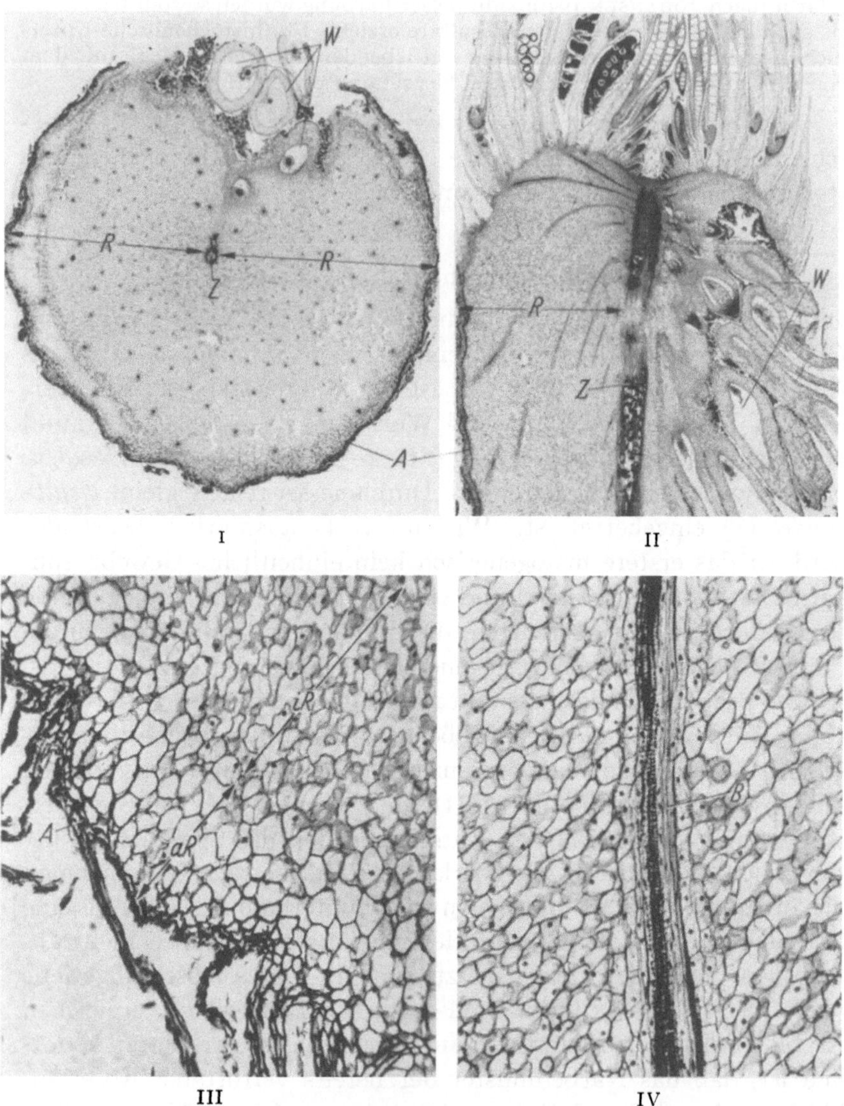

Abb. 1. *Stylites andicola*. I Querschnitt durch den Stamm ($\varnothing$ 1,8 cm) etwa 1 cm unterhalb des Scheitels; II in der Mediane der Wurzelfurche geführter Längsschnitt ($\varnothing$ des Stammes 1,5 cm); III Ausschnitt aus der Außenrinde (aR); IV Ausschnitt aus dem Aerenchym, das von einem Blattspurbündel (B) durchzogen wird. R Rinde, in III ist iR die Innen-, aR die Außenrinde; Z zentrales Gefäßbündel; A Abschlußgewebe; W Wurzeln (III u. IV 100fach vergr.)

der Sproßachse zu wird deren Durchmesser geringer; die Interzellularen treten zurück, und die primäre Rinde geht ohne scharfe Grenze in die sekundäre über. Ihre an den Zentralzylinder angrenzenden Zellen sind lückenlos in radialen Reihen angeordnet (Abb. 2), so daß die Vermutung nahe liegt, daß sie ihre Entstehung einem Kambium verdanken. Schon makroskopisch heben sich die Zellreihen der sekundären Rinde in ihrer Gesamtheit auf dem Querschnitt von dem Gewebe der primären als heller gefärbter Ring ab, was durch das Fehlen von Interzellularen und Speicherstoffen belegt wird.

Im Zentrum der Achse, meist jedoch in etwas exzentrischer Lage und zur Wurzelseite (s. Teil 1) hin verschoben, findet sich das zentrale Gefäßbündel (Abb. 1, I—II *Z*), das wenig unterhalb des Vegetationspunktes seinen Anfang nimmt und in vertikaler Richtung die Achse ihrer gesamten Länge nach durchzieht (Abb. 3). Hinsichtlich seiner äußeren Form bestehen nicht unerhebliche Unterschiede zu *Isoëtes*, bei der es auf einem durch die Furchen der Knolle geführten Längsschnitt einem Anker zu vergleichen ist (s. Abb. 42): Dem oberen, ,,zylindrischen, die Knolle in vertikaler Richtung durchlaufenden Abschnitt sitzen unten zwei bis drei horizontal gerichtete Arme mit etwas nach oben umgebogenen Enden an, die den Riefen zwischen den Teilknollen entsprechend radial angeordnet sind'' (OGURA, 1938, S. 191 und dort. Abb. 172). An den zylindrischen Abschnitt nehmen die *Blatt*spuren Anschluß, während die *Wurzel*spuren zur Unterseite der Bündel*arme* hinziehen. WEST u. TAKEDA (1915) sprechen deshalb auch von einer gesonderten ,,stem-stele'' und ,,rhizophore-stele''[1]. Der bei *Stylites* von *Isoëtes* abweichenden

---

[1] "The stele of *Isoëtes* is generally regarded as a single structure (i. e. stem-stele), but we are of the opinion that the stele of the adult sporophyte consists of two distinct parts, namely, a vertical cylindrical portion to which the leaf traces are confined and which constitutes the stele of the stem proper and a relatively flattened bi- or trilobed basal portion to which all the root-traces are attached. The latter we propose to call the rhizophore-stele, since it belongs to a perfectly distinct root-bearing organ of the plant, analogous to the swollen basal region of the stem of *Selaginella*" (S. 336/337). Strenggenommen dürfte der Begriff Stele auf *Isoëtes* keine Anwendung finden, denn nach OGURA (1938, S. 30) ist ,,die ,Stele' der Teil des Stammes, der von der Endodermis umschlossen ist. Sie setzt sich aus dem ,Gefäßbündel' und dem das Gefäßbündel umgebenden ,Perizykel' zusammen. Die Abgrenzung der Stele ist leicht erkennbar, da bei den Pteridophyten die Endodermis ein deutlich sichtbarer Ring ist''. Nun fehlen aber sowohl bei *Isoëtes* als auch bei *Stylites* ,,Endodermis'' und ,,Perizykel''. OGURA (1938, S. 191) spricht deshalb bei *Isoëtes* auch nur von einem ,,konzentrischen Leitbündel''. Da sich aber der Ausdruck ,,Stele'', besonders in der angelsächsischen Literatur eingebürgert hat, soll er der Einfachheit halber beibehalten bleiben, und dem Vorschlag WEST u. TAKEDAs folgend unterscheiden wir bei *Stylites* gleichfalls eine *Stamm-* und *Wurzel-*,,Stele''.

Radikation zufolge — die Wurzeln entspringen einer sich über die gesamte Länge der Achse erstreckenden Furche (s. Teil 1 und Abb. 1, I—II) — fehlen die ankerartigen Auszweigungen an der Basis des Gefäßbündels, das sich vielmehr als ein durchgehender, von der Sproßspitze bis zur Basis erstreckender Zylinder darbietet (Abb. 3). Dieser besteht aus zwei getrennten, ± parallel verlaufenden Teilen:

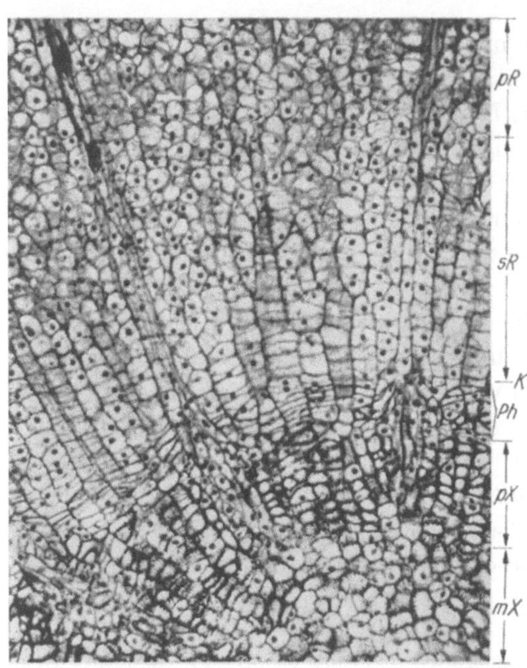

Abb. 2. *St. gemmifera*. Ausschnitt aus Zentralzylinder und Rinde; *sR* sekundäre, *pR* primäre Rinde; *K* Kambium, *Ph* Phloem; *pX* peripheres, *mX* medulläres Xylem (100fach vergr.)

a) der auf dem Querschnitt kreisrunden und bei alten Pflanzen einen Durchmesser bis zu 1 mm erreichenden Stammstele (Abb. 3; Abb. 4, *St*) und b) einer wesentlich dünneren, im Querschnitt ± länggestreckten, auf der wurzelnden Seite der Achse sich ausdifferenzierenden Wurzelstele (Abb. 3; Abb. 4, *Wst*). Somit zeigt der gesamte Zentralzylinder (im Querschnitt) eine ± elliptische Form (Abb. 1, I; Abb. 4, I). Stamm- und Wurzelstele sind anfangs durch eine schmale Zone parenchymatischen Gewebes voneinander getrennt, können später aber miteinander in Verbindung treten (Abb. 4, I). An die erstere nehmen die Blatt-, an die letztere die Wurzelspuren Anschluß (Abb. 3). Distich bzw. tristich bewurzelte *Stylites*-Pflanzen, wie wir sie im 1. Teil beschrieben und abgebildet haben (s. dort. Abb. 9, II—III), besitzen demzufolge zwei, bzw. drei eigene Wurzelstelen, so daß der Zentralzylinder eine bikonvexe (Abb. 4, II) oder dreieckige (Abb. 4, III)[1] Querschnittsform aufweist.

---

[1] Abb. 4, III zeigt eine große habituelle Ähnlichkeit mit der bei WEST u. TAKEDA (1915) wiedergegebenen Fig. 80, Taf. 40, einem Schnitt durch die „rhizophore-stele" eines 3-lappigen Exemplare von *Isoëtes japonica*.

Gemäß Abb. 3 beginnt sich die Achsenstele wenig unterhalb des Scheitels auszudifferenzieren, während die Wurzelstele erst weiter

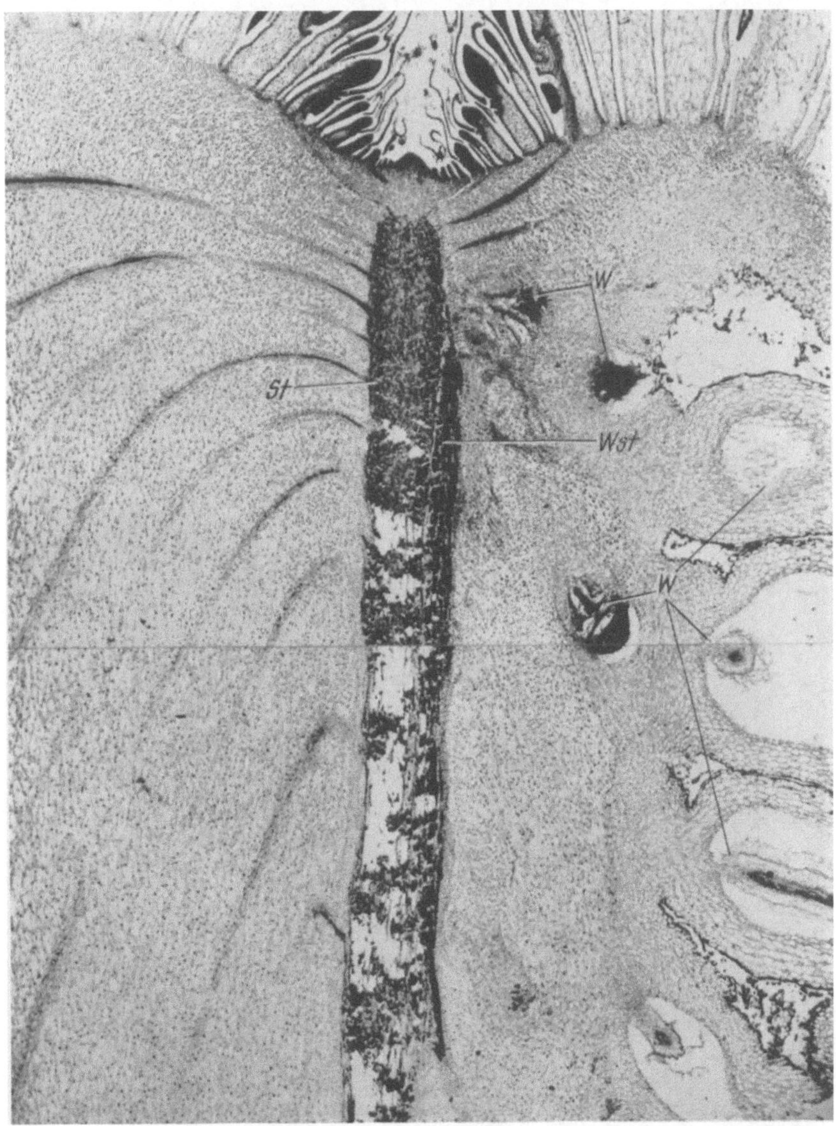

Abb. 3. *St. andicola.* In der Mediane der Wurzelfurche geführter Längsschnitt durch die Apikalregion einer älteren Pflanze, den Verlauf der Stamm- (*St*) und Wurzelstele (*Wst*) zeigend; *W* Wurzeln bzw. deren Anlagen (nat. Gr. des abgebildeten Schnittes 2 cm)

basalwärts, d. h. mit der Ausgliederung der jüngsten, in akropetaler Folge entstehenden Wurzeln, sichtbar wird. In ihrer spitzenwärts

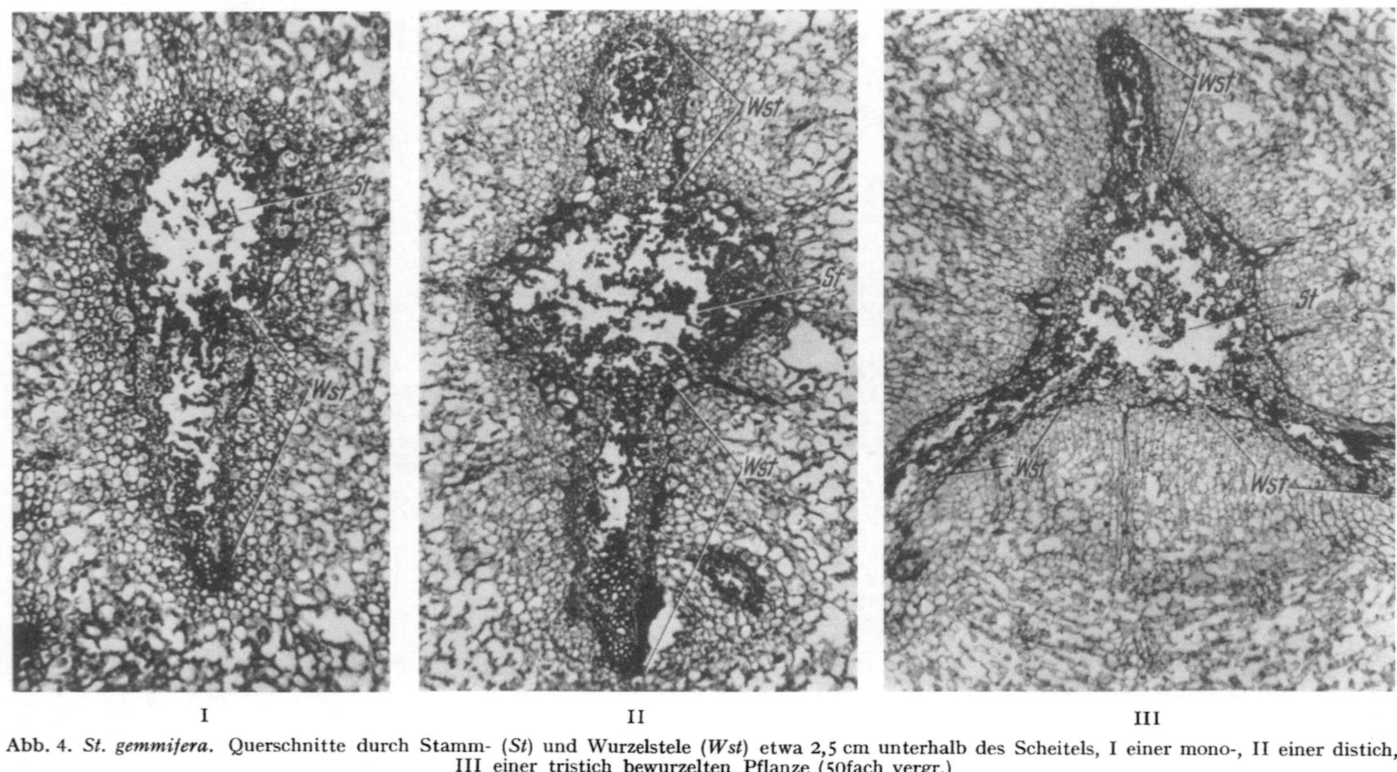

Abb. 4. *St. gemmifera.* Querschnitte durch Stamm- (*St*) und Wurzelstele (*Wst*) etwa 2,5 cm unterhalb des Scheitels, I einer mono-, II einer distich, III einer tristich bewurzelten Pflanze (50fach vergr.)

gerichteten Verlängerung hält sie dann aber Schritt mit jener der Stammstele.

Hinsichtlich des anatomischen Baues des Stammbündels bestehen auffallende Übereinstimmungen mit dem von *Isoëtes*, über welches bereits zahlreiche, mehr oder weniger detaillierte Untersuchungen vorliegen. Es ist von protostelischem Charakter, wobei das aus „Kurztracheïden" bestehende und von Parenchymzellen durchsetzte Xylem den Hauptbestandteil ausmacht. Sowohl auf Längs- wie auf Querschnitten zeigen die Kurztracheïden rundliche, elliptische oder $\pm$ rechteckige Form (Abb. 5, II). Wenngleich sie sich im Verlauf des Streckungswachstums der Achse mit fortschreitender Entfernung vom Scheitel auch ein wenig verlängern, so behalten sie im wesentlichen doch ihre Form bei und unterscheiden sich darin auffallend von den langgestreckten Tracheïden der Blatt- und Wurzelbündel (Abb. 5, II; Abb. 1, IV). Gleich diesen sind ihre lignifizierten Membranen (Phloroglucin-HCl-Reaktion) mit spiral-, ring- oder netzförmigen Verdickungsleisten versehen (Abb. 5, II).

Wie aus Fig. I u. III der Abb. 5 ersichtlich, ist der „Holzkörper" nicht einheitlich in seinem Aufbau, sondern zeigt eine z. T. recht scharfe Gliederung in einen zentralen und peripheren Abschnitt[1]. Beide unterscheiden sich den Ausführungen auf S. 22 ff. zufolge sowohl ihrer Histogenese nach als auch in der Verlaufsrichtung ihrer Zellreihen und dem Grad der Lignifizierung ihrer Membranen. Das zentrale Xylem besteht, wie sehr deutlich auf Längsschnitten zum Ausdruck kommt, aus longitudinal gerichteten Zügen von Kurztracheïden (Abb. 5, II—III) mit dazwischengelagerten lebenden Parenchymzellen (= Xylemparenchym), welche längere Zeit ihre Teilungsfähigkeit beibehalten. Die Membranen der Tracheïden sind relativ dünn, ebenso die Verdickungsleisten. Da dieser Abschnitt des Xylems dem Markkörper anderer Pflanzen homolog ist, schlagen wir vor, von einem *medullären Xylem* zu sprechen (Abb. 5, *mX*)[2]. Das *periphere Xylem*, welches jenes in einem $\pm$ breiten Mantel

---

[1] Auch Lang (1915) weist bei *Isoëtes lacustris* auf eine ähnliche Differenzierung des Xylems hin und spricht von einer „central column of xylem, composed of short tracheïds mixed with parenchyma" (S. 30) und von einem „outer xylem" (Fig. 7, S. 44 bei Lang).

[2] Ein typischer Markkörper fehlt der Stammstele sowohl von *Stylites* als auch den meisten *Isoëtes*-Arten; nur bei *I. japonica* soll nach Ogura (1938, S. 191) ein parenchymatisches Mark ohne Kurztracheïden vorhanden sein.

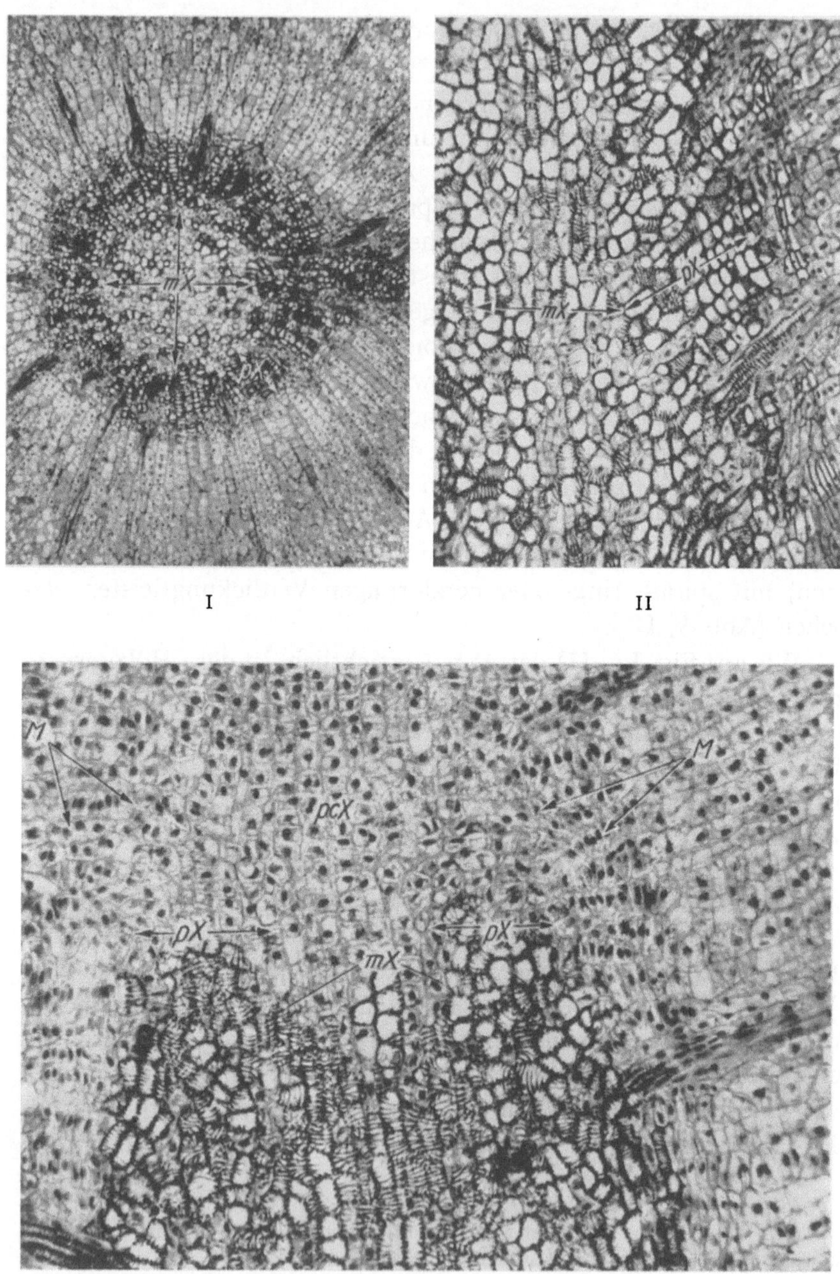

Abb. 5. I—II *St. gemmifera*, III *St. andicola*. I Querschnitt, II—III Längsschnitte durch die Stammstele; *mX* medulläres, *pX* peripheres Xylem; *pcX* prokambiales Gewebe des Xylemzylinders; *M* primäres Meristem (I 45-, II 100-, III 140fach vergr.)

umgibt (Abb. 5, *pX*), besteht aus Kurztracheïden mit stärker verdickten Wänden und Verdickungsleisten (Abb. 5, II). Sie sind auf dem Querschnitt (Abb. 5, I) in radialen, auf dem Längsschnitt hingegen in leicht scheitelwärts aufsteigenden Reihen angeordnet.

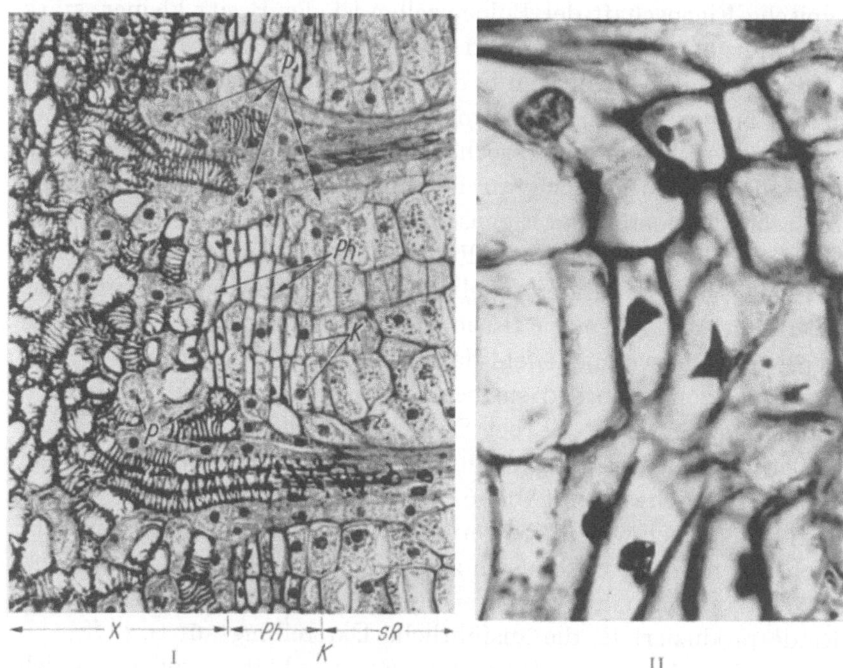

Abb. 6. *St. gemmifera.* I Längsschnitt durch das Xylem (*X*) und Phloem (*Ph*); *sR* sekundäre Rinde; *P* Parenchymzellen der Xylemscheide; *K* Kambium; II Ausschnitt aus dem Phloem mit degenerierenden Kernen (I 200-, II 1000fach vergr.)

Parenchymzellen finden sich in wesentlich geringerer Anzahl als im medullären Xylem.

Wie auf S. 60 ausführlich begründet wird, ist das periphere Xylem seiner Herkunft nach sowohl primärer als auch sekundärer Natur, so daß wir zwischen primärem und sekundärem Xylem zu unterscheiden haben. Es sei bereits an dieser Stelle betont, daß das letztere im Vergleich zum primären Xylem nur eine geringe Mächtigkeit erlangt.

Nach außen hin wird der gesamte Holzkörper von einem nicht immer deutlich nachweisbaren Mantel von Parenchymzellen (Abbildung 6, I *P*) begrenzt. Dieser wird auch für *Isoëtes* angegeben und hier als Xylemscheide bezeichnet. An diese schließt sich nach außen eine dünne, maximal 8—10 Zellreihen umfassende Schicht von „Phloem" an, dessen Zellen auf Quer- und Längsschnitten von langgestreckter, nahezu rechteckiger Form sind (Abb. 6, I). Infolge intensiver Färbung ihrer stark verdickten Membranen grenzen sich diese scharf gegen das umgebende Gewebe ab[1]. Eine weitere typische Eigenschaft der Phloemzellen ist der Besitz kleiner, stark färbbarer, oft deformierter und degenerierender Kerne (Abb. 6, II). Daß es sich hierbei nicht um Fixierungsartefakte handeln kann, geht daraus hervor, daß diese anormalen Kerne allein auf die Zellen des von uns als Phloem angesprochenen Gewebes lokalisiert sind, während alle übrigen Parenchymzellen normale Kerne besitzen. Da die vorstehend aufgeführten Eigenschaften von Lang (1915, S. 37) auch für die Zellen der in ihrer Funktion noch immer umstrittenen „Prismenschicht" (in der angelsächsischen Literatur als „prismatic layer" oder als „prismatic tissue" bezeichnet) von *Isoëtes* angegeben werden, gehen wir nicht fehl darin, diese dem Phloem von *Stylites* gleichzusetzen; während sie bei *Isoëtes* aber einen relativ breiten Raum einnimmt, ist sie bei *Stylites* nur wenige Zellreihen breit. Außerhalb der Prismenschicht läßt sich nun auch bei *Stylites* ein Kambium nachweisen (Abb. 6, I; Abb. 8, I; Abb. 38, *K*), dessen Aktivität jedoch wesentlich geringer ist als das von *Isoëtes*. Es gibt nach innen Zellen ab, die sich zu „sekundärem Phloem" umbilden, während es nach außen Parenchymgewebe und zwar sekundäre Rinde produziert (s. die ausführliche Darstellung auf S. 34ff.).

Mit dem Absterben der älteren Rosettenblätter vollziehen sich auch Veränderungen in der Achsenstele. Schon 2—3 cm unterhalb des Scheitels wird der Zusammenhang des Xylems gelockert; es treten große Hohlräume auf (Abb. 3; Abb. 7, I), wodurch das Xylem offenbar funktionsunfähig wird. Diese Zerreißungen sind wohl die Folge des in scheitelferneren Achsenabschnitten sich vollziehenden Streckungswachstums. Die Tracheïden als tote Zellen können damit nicht Schritt halten, während die lebenden Zellen des Xylemparenchyms sowohl zur Zellstreckung als auch noch zu weiteren Zellteilungen befähigt sind und deshalb die Hohlräume in Form langer und schmaler Stränge durchziehen (Abb. 7, I). Die Phloemzellen hingegen sind allein in der Lage sich zu strecken und nehmen dabei eine fast spindelförmige Gestalt an. Während das sekundäre Phloem lange Zeit seine Funktionstüchtigkeit beibehält, werden die Zellen des primären schon frühzeitig durch Kallose verstopft (s. S.70).

---

[1] Die Schwarzweißphotographie gibt dies allerdings nur unbefriedigend wieder.

Mit *Isoëtes* hat *Stylites* weiterhin gemeinsam, daß die Stammstele von den das gesamte Rindengewebe durchziehenden Blattspur-
strängen durchbrochen wird (Abb. 3; Abb. 8; Abb. 38). Auf Längsschnitten finden sich diese stets so orientiert, daß ihr xylematischer
Anteil scheitelwärts, das Phloem hingegen basalwärts weist (Abb. 6, I;

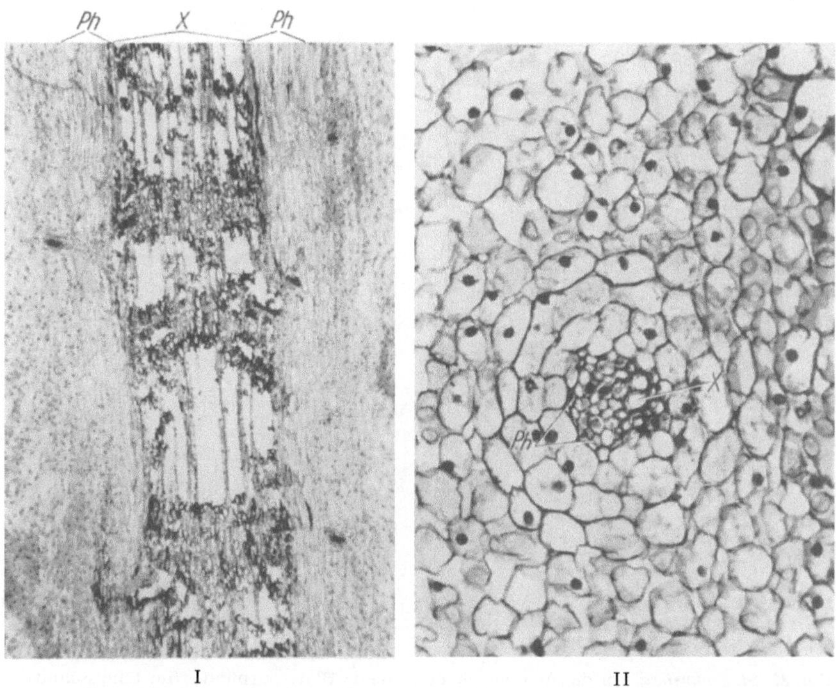

Abb. 7. *St. gemmifera.* I Zerreißende Stammstele im Längsschnitt. *X* Xylem, *Ph* Phloem;
II Blattspurbündel in der Rinde quergeschnitten (I 30-, II 200fach vergr.)

Abb. 8, II). Umgeben wird das Bündel von einer auf dem Querschnitt aus kreisförmig angeordneten Rindenzellen bestehenden
Scheide (Abb. 7, II). Der Anschluß der Blattspuren an die Achsenstele erfolgt in der gleichen Weise wie bei *Isoëtes*: Das Xylem läßt
sich ein Stück weit in das periphere Achsenxylem hinein verfolgen
(Abb. 6, I; Abb. 8, I), wo die langgestreckten Tracheïden des
Bündels Anschluß an die Kurztracheïden des Stammes nehmen,
während das Bündelphloem die Kontinuität mit dem primären
Phloem der Achsenstele wahrt, wie dies sehr klar aus Abb. 8, II
ersichtlich ist; das Bündelparenchym schließlich vereinigt sich mit
den Zellen der parenchymatischen Xylemscheide (Abb. 8, I).

Die Initialbündel der Blätter treten schon früh in Erscheinung; ihre Differenzierung schreitet in basipetaler Richtung fort, und sie erreichen die prokambiale Achsenstele bereits, wenn deren Zellen noch keine cyto-histologische Differenzierung erkennen lassen[1] (s. Abb. 9; Abb. 17, I; Abb. 19, I). Für die weitere Genese der Achsenstele bedeutet das, daß beim Eintritt eines Blattspurbündels

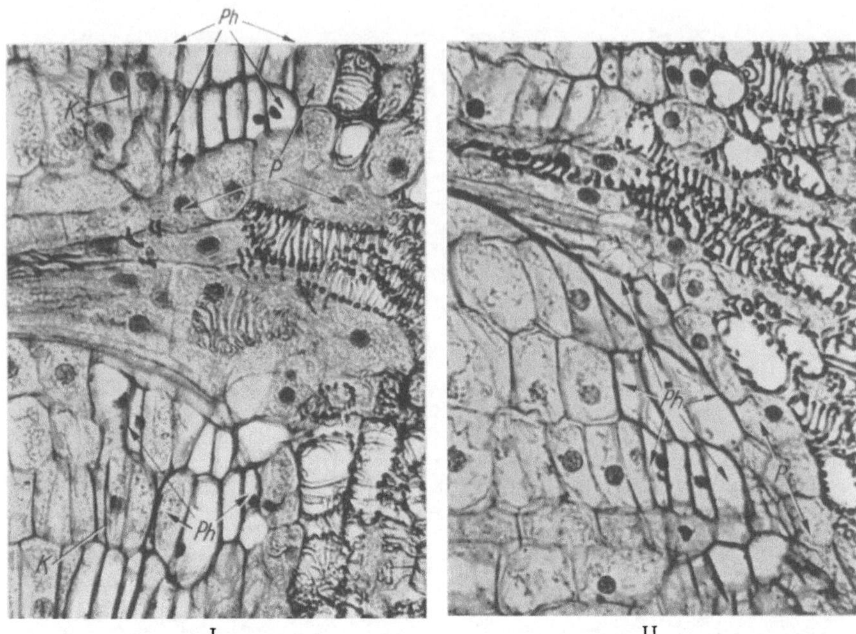

I   II

Abb. 8. *St. gemmifera*. In die Achsenstele eintretende Blattspurbündel (im Längsschnitt). In I ist der Anschluß des Blattbündelparenchyms (*P*) an die Xylemscheide, in II der des Blattbündelphloems an das Achsenphloem (*Ph*) erfaßt; *K* Kambium (I—II 400fach vergr.)

in diese der Phloemmantel nicht durchbrochen wird, sondern im Bereich desselben überhaupt nicht zur Ausbildung gelangt (siehe Abb. 21, III; Abb. 22).

Über die Wurzelstele ist an dieser Stelle wenig zu sagen[2]. Wie schon angedeutet (S. 9), gelangt sie erst viel später als die Achsen-

---

[1] Dennoch schließen wir uns nicht der Ansicht mancher Forscher wie CAMPBELL, FARMER u. a. an, welche die Achsenstele (von *Isoëtes*) als nur aus Blatt- und Wurzelgefäßbündeln zusammengesetzt betrachten und annehmen, daß der Stamm keine eigenen Tracheïden besitzt. Wenn bei *Stylites* die Initialbündel der Blätter auch vor der Differenzierung der Stammstele erscheinen, so können wir zeigen (s. S. 22 ff.), daß alle Tracheïden des Stammes sich histogenetisch von einer bestimmten Zellgruppe des Scheitels herleiten lassen.

[2] Über deren Entstehung wird auf S. 47 ff. berichtet.

stele zur Ausbildung, und zwar außerhalb des Phloemmantels; ihrer Entstehung nach ist sie rein sekundärer Natur und läßt sich histogenetisch nicht auf Initialen des Scheitelbereiches zurückführen.

Hinsichtlich ihres anatomischen Aufbaues zeigt die Wurzelstele wesentlich einfachere Verhältnisse als die Achsenstele. Sie besteht zum größten Teil aus Xylem, und zwar vorwiegend aus Kurztracheïden, die mit Parenchymzellen in geringer Anzahl untermischt sind (Abb. 29, III; Abb. 30); umgeben wird ihr Holzteil von einem dünnen Mantel von Phloem, der anfangs der zur Wurzelzeile hinweisenden „Außenseite" fehlt (Abb. 31). Hier findet sich, recht deutlich auf Längsschnitten sichtbar, ein lebhaft tätiges dipleurisches Meristem (Abb. 9; Abb. 31). Die von diesem nach innen abgegebenen Zellen verholzen und werden zu Xylem, wodurch der Querdurchmesser der Wurzelstele sich in zentrifugaler Richtung vergrößert, während das nach außen produzierte Zellmaterial der sekundären Rinde zugeschlagen wird.

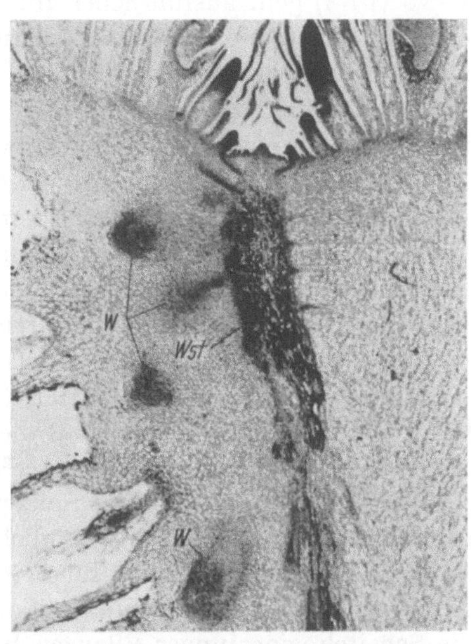

Abb. 9. *St. gemmifera.* Medianer Längsschnitt durch die 0,5 cm dicke Achse einer jungen Pflanze mit 4 Wurzelanlagen *W*; *Wst* Wurzelstele.

Deren Zellen behalten relativ lange ihren halbmeristematischen Charakter bei, denn aus ihnen nehmen gemäß Abb. 9 die Wurzeln ihren Ursprung, deren Bündel sich gleich den Blattspuren in zentripetaler Richtung ausdifferenzieren und in gleicher Weise Anschluß an die Wurzelstele nehmen wie jene an die Stammstele (Abb 29, III; Abb. 32).

2. Die primären Verdickungsvorgänge des Stammes

a) Bau und Zonierung des Scheitelmeristems
sowie die Bildung der primären Achsengewebe

Es wurde schon darauf hingewiesen, daß trotz der zahlreichen, an *Isoëtes* durchgeführten anatomischen Untersuchungen dem Bau des Scheitels bisher recht wenig Beachtung geschenkt worden ist. Wenn auch z. T. klare und übersichtliche Abbildungen von Vegetationspunkten verschiedener Arten, insbesondere bei Bruchmann (1874, *I. lacustris*), West u. Takeda (1915, *I. lacustris, I. hystrix, I. velata, I. japonica*) vorliegen, so handelt es sich um willkürlich herausgegriffene Entwicklungsstadien, an denen lediglich die Frage des Vorhandenseins einer Scheitelzelle geprüft worden ist. Nur Lang (1915) geht ausführlicher auf den Bau des Scheitels ein und erkennt bereits ein gewisses Zonierungsmuster. Seine Ergebnisse allein können als Ausgangspunkt für unsere Untersuchungen an *Stylites* dienen. Bevor hierauf näher eingegangen wird, sei zunächst zur Frage des eigentlichen Spitzenwachstums bei *Isoëtes* Stellung genommen. Nach Hofmeister (1857) geht dieses auf eine zweischneidige Scheitelzelle zurück. Seine Ansicht aber wurde bereits von Hegelmaier (1874) und Bruchmann (1874) dahin korrigiert, daß *Isoëtes* einer solchen entbehrt und die Achsenbildung vielmehr von einer Gruppe von Initialen ihren Ausgang nimmt[1].

Farmer (1890) und W. Smith (1900) schlossen sich dieser Ansicht an, während Scott u. Hill (1900) sowie Lang (1915) die Frage dahin beantworteten, daß die Möglichkeit des Vorhandenseins einer Scheitelzelle gegeben sei[2].

Wie vollzieht sich nun das Spitzenwachstum bei *Stylites?* Entgegen der Ansicht Hofmeisters pflichten wir den Befunden Bruchmanns bei und nehmen auch für *Stylites* eine Gruppe von Initialen an. Wohl ergeben sich zuweilen auf medianen Längsschnitten durch die Scheitelregion junger Pflanzen Bilder, welche die Anwesenheit einer Scheitelzelle vortäuschen (Abb. 10; Abb. 12), doch ist das Zellteilungsmuster nicht mit der gesetzmäßigen Segmentierung einer solchen in Einklang zu bringen.

Von wesentlich größerer Bedeutung für die Bildung des Stammes und der damit verbundenen Differenzierung der einzelnen Gewebe erscheint uns die Frage nach der Scheitelzonierung. Mustert man

---

[1] Diese wird von Bruchmann als „Meristem-Initialgruppe" (S. 568) bezeichnet. „Von ihnen sind alle sie umgebenden Zellen des Scheitels abzuleiten" (S. 568).

[2] Scott u. Hill äußern sich hierzu wie folgt: "Our own observations show that Hofmeister's opinion is at least defensible. In good transverse sections through the actual apex, we several find detected a large cell, or two large cells in a central position" (1900, S. 418). Lang hingegen schreibt: ". . . . that while usually a small group of initial-cells appear to be present the possibility of there being a single initial cell in some cases is not excluded" (1915, S. 34—35).

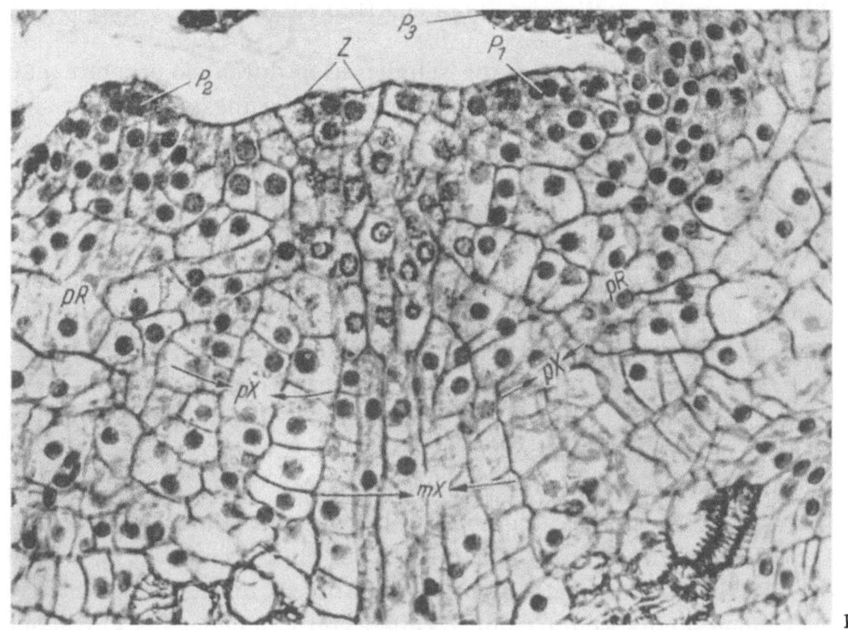

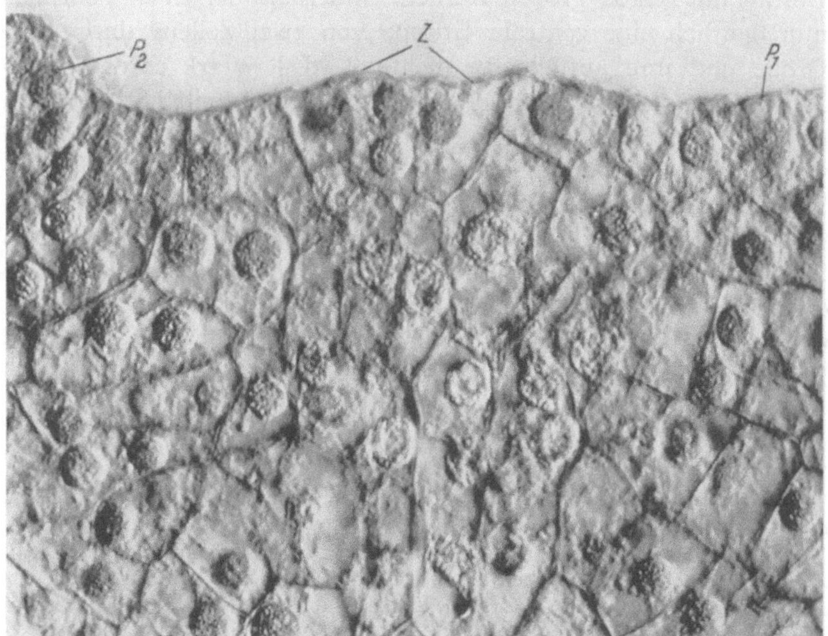

Abb. 10. *St. gemmifera*. I Medianschnitt durch den Scheitel der in Abb. 11, I—II wiedergegebenen Pflanze. *Z* Zentralzellen; die Zellen des Zentralmutterzellkomplexes sind an den „leeren" Kernen kenntlich; *mX* prokambiale Zellen des medullären, *pX* des peripheren Xylems; *pR* primäre Rinde; P_1—P_3 Blattprimordien. In II ist der gleiche Vegetationspunkt bei etwas stärkerer Vergrößerung mit dem Nachet-Interferenz-Kontrast-Mikroskop aufgenommen (I 300-, II 600fach vergr.)

eine größere Anzahl von Längsschnittserien durch, so erkennt man
recht bald ein auffallendes cytologisches Zonierungsmuster, das sich
in gewisser Weise mit dem von FOSTER für eine Reihe von Gymnospermen (s. Literaturverzeichnis) gegebenen vergleichen läßt. Recht
übersichtliche und klare Bilder bieten die Scheitel junger, noch
wenig erstarkter Pflanzen. Unseren folgenden Ausführungen legen
wir deshalb einen medianen Längsschnitt durch ein junges Exemplar
von *St. gemmifera* zugrunde, deren Achse eine Länge von nur 0,5 cm
und eine Dicke (in Scheitelnähe) von 0,4 cm aufweist (Abb. 10;
Abb. 12). Die Scheiteloberfläche ist nahezu eben und nur im Zentrum leicht aufgewölbt. Ihr Durchmesser zwischen den beiden
sichtbaren Primordienhöckern (Abb. 11, I P_2 u. P_3) beträgt 180 μ:
der VP[1] selbst besitzt nur einen solchen von 75 μ, denn der Rest-
betrag wird in die Bildung eines weiteren, gerade in Ausgliederung
begriffenen Primordiums (Abb. 10; Abb. 11, I P_1) einbezogen. Die
oberste Schicht[2] umfaßt auf dem in Abb. 10 und Abb. 12 wiedergegebenen Medianschnitt nur 7 Zellen von länglicher bis kubischer
Gestalt mit relativ großen Kernen. Innerhalb derselben hebt sich
nun deutlich eine zentrale Gruppe von zwei Zellen[3] durch ihre
Größe und ihre auffallend „dichten", d. h. stark chromophilen
Kerne heraus[4], von denen eine sich periklinal geteilt hat (Abb. 10,
II Z, in Abb. 12 durch Punktierung hervorgehoben). Wir gehen
wohl nicht fehl in der Annahme, in dieser Zellgruppe die „Meristem-
Initialen" im Sinne BRUCHMANNs zu erblicken, deren Aufgabe er bei
Isoëtes darin sieht, „den infolge der Blattbildung verbrauchten
Scheitelteil bei der Erweiterung desselben wieder zu ersetzen. Die
die Mitte einnehmende Scheitelzellgruppe teilt sich also senkrecht
und parallel zur Oberfläche, senkrecht namentlich, wenn ein neues
Blatt ganz nahe dem Mittelpunkt des Scheitels gebildet wird und
von demselben entfernt werden soll" (1874, S. 568—569). Wir

---

[1] Vegetationspunkt wird künftig mit VP abgekürzt.

[2] Eine Sonderung des Scheitelgewebes in Tunica und Corpus läßt sich
nicht durchführen.

[3] Es wurden gelegentlich bis zu 4, zuweilen auch nur eine solcher „Zentralzellen" beobachtet. Sie treten besonders deutlich in Erscheinung, wenn wir
zur Aufnahme das von der franz. Firma Nachet entwickelte „constraste
interférentiel" Mikroskop verwenden. Wir danken der Fa. Nachet für die Er-
laubnis zur Benützung des Instrumentes.

[4] Leider wurden die histogenetischen Untersuchungen an *Stylites*, obwohl das Material zu den verschiedensten Tages- und Jahreszeiten fixiert
wurde, durch das nahezu völlige Fehlen von Mitosen außerordentlich erschwert.

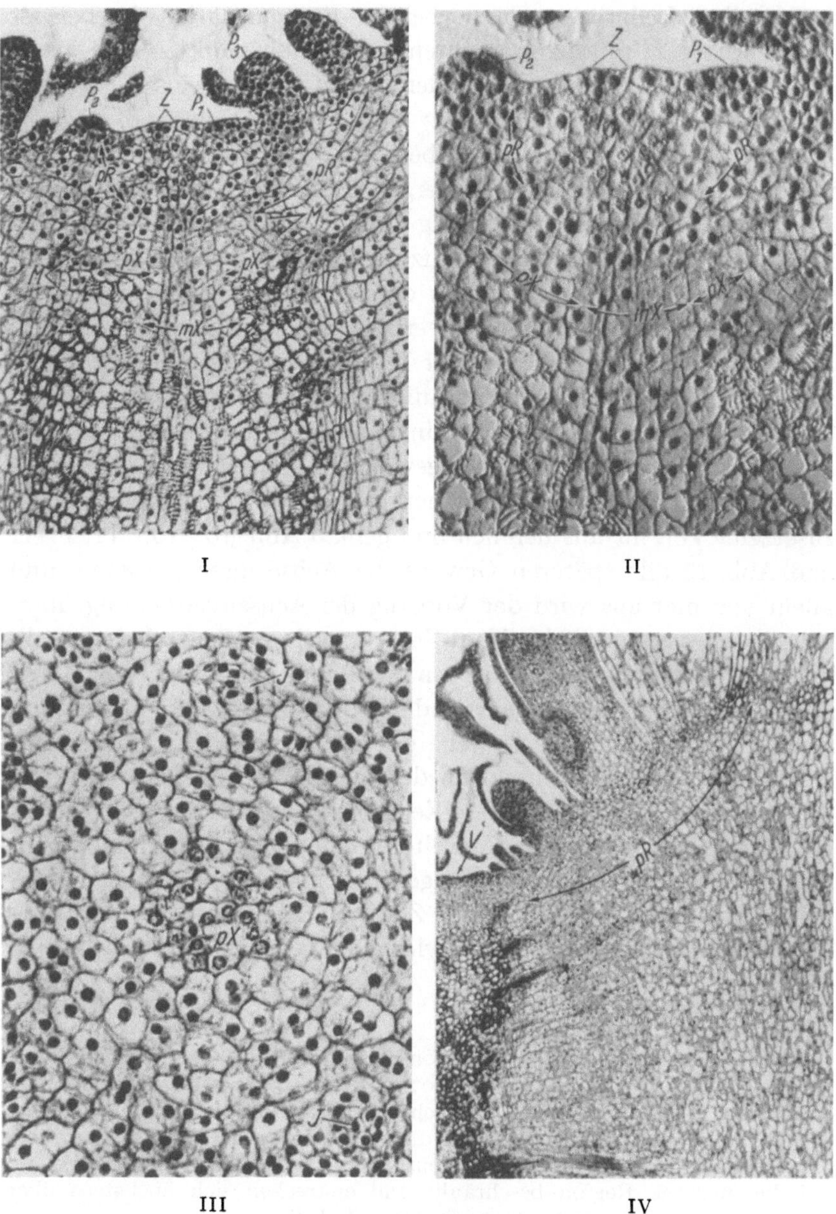

Abb. 11. *St. gemmifera.* I Längsschnitt durch die Apikalregion einer jüngeren Pflanze, deren Scheitel in Abb. 10 vergrößert wiedergegeben ist; II desgleichen mit dem Nachet-Interferenz-Kontrast-Mikroskop. *Z* Zentralzellen, *mX* medulläres, *pX* peripheres Xylem, *pR* primäre Rinde, *M* primäres Meristem, *P* Primordien; III Querschnitt durch den VP einer jungen Pflanze, etwa 50μ unterhalb der Scheiteloberfläche. *J* Quergeschnittene Initial-bündel der Blätter; IV Längsschnitt durch die primäre Rinde, den Verlauf (durch Pfeil angedeutet) der Rindenantiklinalen zeigend, *V* Vegetationspunkt

wollen diese Zellgruppe, da sie bei der Reorganisation des bei der Blattbildung z. T. aufgebrauchten Vegetationspunktes eine große Rolle spielt, in Analogie zu vielen Angiospermen[1] als *Zentralzellgruppe* (Abb. 10; Abb. 11, I—II; Abb. 12, Z) bezeichnen. Die ihr benachbarten Oberflächenzellen besitzen zwar große, aber durchaus unauffällige Kerne und sind im Vergleich zu jenen relativ plasmaarm.

In schalenförmiger Anordnung um die Zentralzellen herum, und wohl als deren Abkömmlinge aufzufassen, läßt sich weiterhin eine Gruppe großer Zellen erkennen, deren bemerkenswerteste Eigenschaft der Besitz auffallend „leerer" und stark „vakuolisierter" Kerne ist[2]. Diese, nicht nur auf Längs-, sondern auch auf Querschnitten (Abb. 11, III) recht auffällig in Erscheinung tretenden Zellen sind in ihrer Gesamtheit funktionell der für die Scheitel zahlreicher höherer Pflanzen nachgewiesenen *Zentralmutterzellgruppe* (von Foster als „central mother cell zone" bezeichnet) gleichzusetzen. Von ihr aus nehmen nun gemäß Abb. 10, Abb. 11, I—II und Abb. 12 alle späteren Gewebe der Achse ihren Ausgang, und allein von hier aus wird der Vorgang der Achsenverdickung überhaupt erst verständlich. Vom Zentrum dieses Zentralmutterzellkomplexes zieht eine Säule von Periklinalreihen abwärts, deren Ze'len auffallend verlängert sind (Abb. 10; Abb. 11, I—II)[3], und welche das prokambiale Gewebe des späteren Xylemzylinders der Achsenstele liefern, während an der Peripherie des Zentralmutterzellkomplexes radial gerichtete Zellreihen ansetzen[4].

Verfolgen wir zunächst das weitere Schicksal der Periklinalreihen: Schon wenig unterhalb des eigentlichen Zentralmutterzellkomplexes läßt sich auf Grund der Zellform und Streckungsrichtung innerhalb der prokambialen Xylemsäule eine Differenzierung in

---

[1] Siehe auch die Ausführungen bei Rauh u. Reznik (1953, S. 238) und Senghas (1957, S. 108).

[2] Über die physiologische Funktion dieser „leeren" Kerne können keine Aussagen gemacht werden. Wenn Scott u. Hill (1900) auf S. 419 schreiben, daß bei *I. hystrix* der Scheitel so flach ist, daß es Schwierigkeiten bereitet, den Medianschnitt zu finden, so wird diese Aufgabe bei *Stylites* durch die Anwesenheit der „leeren" Kerne wesentlich erleichtert, denn diese sind allein auf die mediane Region beschränkt und erstrecken sich höchstens über 20—30 μ des Durchmessers (s. auch Abb. 11, III).

[3] Sie entsprechen den Markperiklinen der VPe höherer Pflanzen.

[4] Diese radialen Zellreihen, die sich gegen die Längsreihen nicht nur durch ihre Zellform, sondern auch durch ihre Zug- und Teilungsrichtung ziemlich scharf absetzen, sind im gewissen Sinne dem Flankenmeristem der VPe höherer Pflanzen zu vergleichen. Lang (1915) ist übrigens der einzige, der bei *Isoëtes lacustris* auf eine ähnliche Zonierung des Scheitels hinweist.

einen zentralen und peripheren Abschnitt feststellen; die Zellen der
zentralen Periklinalreihen, von denen die obersten noch „leere" Kerne

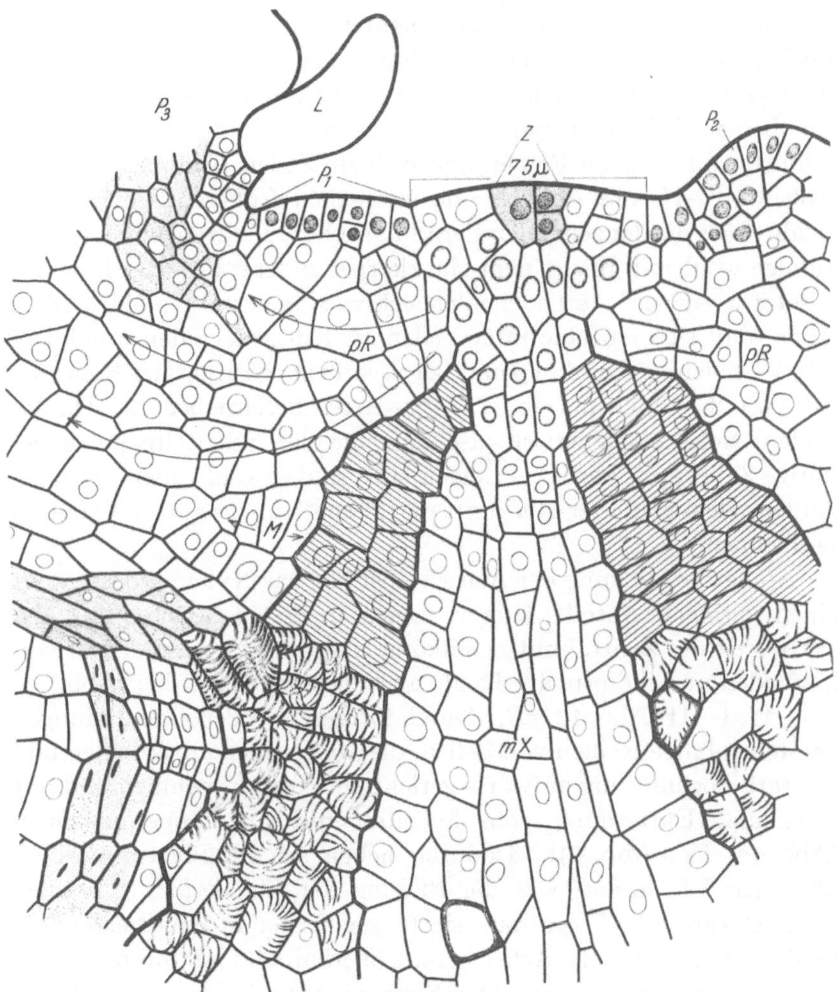

Abb. 12. *St. gemmifera.* Medianer Längsschnitt durch den Scheitel einer jungen Pflanze.
Z Zentralzellen (Lumen und Kerne dicht punktiert); P_1, P_2 in Ausgliederung begriffene
Primordien (Kerne locker punktiert); Kerne der Zentralmutterzellen nur am Rande
punktiert; primäre Rinde (*pR*) und prokambialer Xylemzylinder sind durch dickere Linien
gegeneinander abgegrenzt; prokambiale Zellen des medullären Xylems hell, die des peri-
pheren Xylems (soweit noch nicht lignifiziert) schraffiert; Phloemzellen locker punktiert;
Zellen der Blattinitialbündel dicht punktiert; *M* primäres Meristem; die Pfeile geben den
Verlauf der Rindenantiklinalen an (400fach vergr.)

besitzen (Abb. 12), strecken sich unter Querteilung stark in die
Länge und nehmen dabei eine fast prosenchymatische Form an; sie

liefern später das von Parenchymzellen durchsetzte innere oder
medulläre Xylem; die äußeren, schräg abwärts ziehenden Zellreihen
der prokambialen Xylemsäule (in Abb. 12 schraffiert) hingegen
strecken sich unter Querteilung mehr in radialer Richtung, wobei
Periklinalteilungen zu einer Erhöhung ihrer Anzahl beitragen. In
ihrer Gesamtheit werden diese in Abb. 12 durch Schraffur hervorgehobenen Zellreihen zum peripheren Xylem[1], dessen auf Querschnitten in radialen Reihen angeordnete Zellen (Abb. 5, I) gemäß
Abb. 11, I—II und Abb. 12 eine wesentlich frühere Lignifizierung
erfahren als die der zentralen Periklinalreihen. Letztere können demzufolge wohl mit Recht dem Markkörper anderer Pflanzen homolog
gesetzt werden; sie unterscheiden sich von einem echten Mark allein
darin, daß sich einzelne ihrer Zellen zu Kurztracheïden umbilden.
Die Verholzung schreitet somit bei *Stylites* in zentripetaler Richtung
fort, wie dies auch für einige *Isoëtes*-Arten beschrieben ist. Da das
Xylem sich histogenetisch also auf eine der Scheitelregion ange-
hörige Zellgruppe zurückverfolgen läßt, sind sowohl Innen- als auch
Außenxylem primärer Herkunft und deshalb als *primäres Xylem* zu
bezeichnen.

An der Verdickung der Achse selbst hat das Xylem indessen nur
einen geringen Anteil. Hierzu tragen in erster Linie die an der
Peripherie des Zentralmutterzellkomplexes ansetzenden, radial verlaufenden und die primäre Rinde aufbauenden Zellen bei (Abb. 10;
Abb. 11, I—II; Abb. 12, *pR*). Durch fortgesetzte Periklinalteilungen
entstehen lange Reihen von Zellen, die selbst einen antiklinalen und
± stark bogenförmig aufwärts gerichteten Verlauf nehmen und mit
steigender Entfernung vom Scheitelpunkt an Länge gewinnen
(Abb. 11, IV; Abb. 13). Dadurch heben sie die Blattprimordien
über den VP empor, was die Bildung der für *Stylites* typischen
Scheitelgrube zur Folge hat; sie tragen ferner in entscheidendem
Maße dazu bei, daß die Achse bereits oberhalb des VP ihren größten
und nahezu endgültigen Durchmesser erreicht (s. Abb. 15, I;
Abb. 34). Wir haben es demnach mit einem rein *primären, bereits in
Scheitelnähe sich vollziehenden Verdickungsvorgang* zu tun, der nichts

---

[1] Wir können die an *Isoëtes* gewonnenen Befunde LANGs (1915) für *Stylites*
nicht bestätigen, wenn er sagt: "The meristematic tissue formed behind
the initial group of cells appears to give rise only to the central portion
of the cylinder of xylem, *while from the inner portion of the radiating rows of cells an outer zone of xylem, a parenchymatous xylem sheath
and the primary phloem are differentiated*" (S. 35; Kursivdruck von
Verff.).

mit sekundärem Dickenwachstum gemein hat[1], und der sich der *kortikalen* Form des primären Dickenwachstums (s. TROLL u. RAUH, 1950, S. 12) einordnen läßt. Im Gegensatz zur Achsenbildung vieler Monokotylen nämlich verdanken diese radialen Reihen ihre Entstehung nicht einem Meristem, sondern jede noch nicht ausdifferenzierte Zelle einer Rindenantiklinalen ist zu weiteren Teilungen befähigt. Die jeweils neugebildeten Zellen strecken sich sofort in

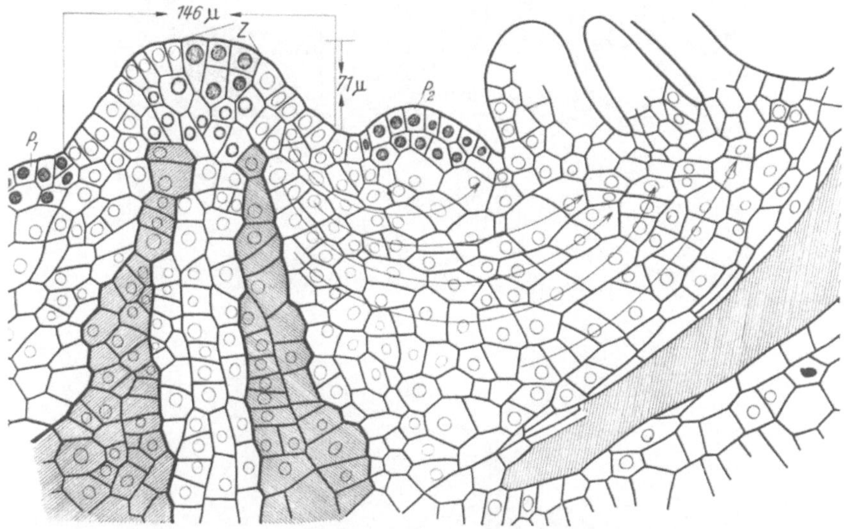

Abb. 13. *St. gemmifera.* Medianschnitt durch den Scheitel einer älteren, bereits erstarkten Pflanze. Signaturen wie in Abb. 12, nur ist das prokambiale Blattspurbündel schraffiert

radialer Richtung, ein Vorgang, der zusammen mit der in der Rindenperipherie sich vollziehenden Interzellularenentwicklung zu einer weiteren Verdickung der Achse beiträgt. Diese radialen Cortex-Reihen sind nicht allein für die Scheitelregion typisch, sondern lassen sich weit basalwärts verfolgen.

Das für *Isoëtes* in allen Arbeiten zitierte und nach Ansicht der meisten Forscher für deren Achsenverdickung allein verantwortliche „Kambium" entsteht bei *Stylites* gemäß Abb. 25 und Abb. 26, *K* erst in scheitelferneren Partien und nimmt seinen Ausgang von den innersten, an das Phloem angrenzenden Zellen der primären Rinde. Über Entstehung und Tätigkeit dieses Meristems soll erst

---

[1] Auch LANG bemerkt bei *Isoëtes* bereits ganz richtig, daß "these radiating rows of cells have nothing to do with the secondary thickening, as often been assumed, and are also present in shoots where no secondary meristem will be established" (1915, S. 35).

auf S. 44 im Zusammenhang mit den sekundären Verdickungsprozessen berichtet werden.

Das im vorstehenden beschriebene Zonierungsmuster gilt nun
nicht allein für die VP'e junger Pflanzen, sondern läßt sich, zwar

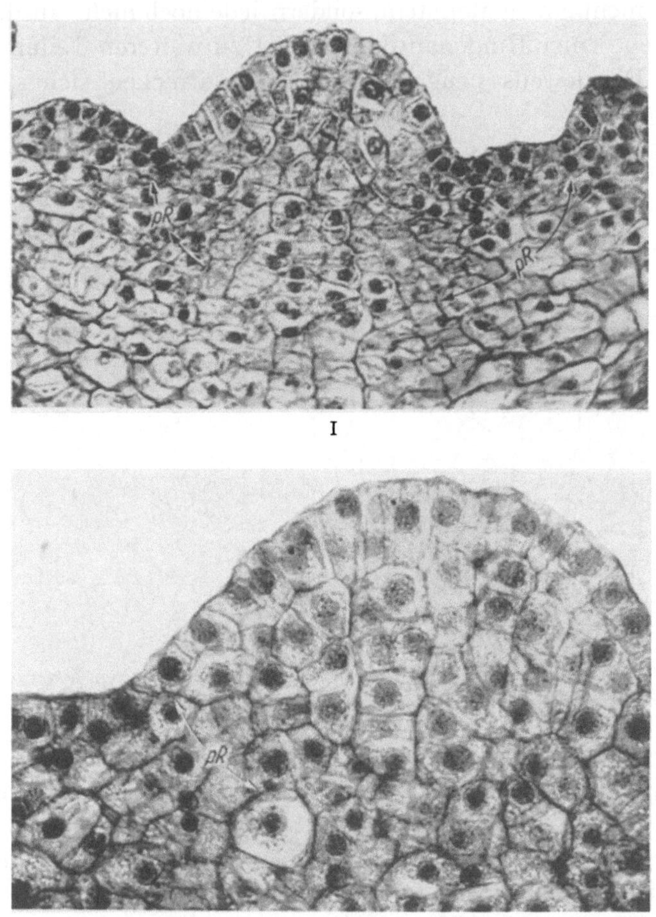

I

II

Abb. 14. I *St. gemmifera*, II *St. andicola*. Vegetationspunkte älterer, erstarkter Pflanzen.
pR primäre Rinde (I 250-, II 450fach vergr.)

weniger klar und übersichtlich, auch an älteren VPen nachweisen, die
im Verlauf der Entwicklung eine auf Zellvermehrung beruhende
recht beachtliche Volumenzunahme erfahren haben. Mit dieser geht
nicht nur eine Aufwölbung des Scheitels Hand in Hand (s. auch den
folgenden Abschnitt und Abb. 13, Abb. 14, Abb. 17), sondern auch
eine Erhöhung der Zellenzahl der Initialgruppe sowie des Zentral-

mutterzellkomplexes. Die prokambiale Xylemsäule erscheint deshalb von vorherein in einem größeren Durchmesser (Abb. 17 II), wobei sich medulläre und periphere Xylemreihen nicht mehr so scharf wie auf dem Jugendstadium gegeneinander abgrenzen lassen. Die Rinden-Antiklinalen ziehen zunächst schräg abwärts, um sich erst an der Scheitelbasis spitzenwärts aufzubiegen (Abb. 13; Abb. 14, *pR*); die Folge dieses Verlaufes ist eine Verflachung der Scheitelgrube (Abb. 20, I).

b) Formwechsel und Erstarkung des Vegetationspunktes

Schon im ersten Teil der vorliegenden Untersuchungsreihe wurde darauf hingewiesen, daß der Stamm von *Stylites* ein kräftiges Erstarkungswachstum aufweist, worin Übereinstimmung nicht nur mit anderen Pteridophyten, insbesondere Baumfarnen (*Alsophila, Dicksonia, Blechnum*, s. Abb. 7, II bei TROLL und RAUH 1950)[1], sondern auch mit den meisten Monokotylen und zahlreichen Dikotylen (s. TROLL und RAUH 1950) herrscht. Im Verlauf der vegetativen Phase seiner Entwicklung nimmt der Achsenkörper beachtlich an Dicke zu, wodurch eine verkehrt-kegelförmige Form resultiert (Abb. 15, I—II). Da mit dem Eintritt in die reproduktive Phase indessen die Ausbildung terminaler Infloreszenzen unterbleibt, und der Scheitel zeitlebens monopodial fortwächst, fehlt bei *Stylites* (und auch bei *Isoëtes*) freilich die für die Blütenpflanzen typische Verjüngungszone. Erst nach weitgehendem Abschluß des Erstarkungswachstums setzt bei *Stylites* in verstärktem Maße Längenwachstum ein, das zur Ausbildung des für diese Gattung charakteristischen Stammes führt. Auf Grund der an anderen Pflanzengruppen gewonnenen Ergebnisse liegt nun von vornherein die Vermutung nahe, daß die im Verlauf der Entwicklung spitzenwärts fortschreitende Zunahme der Achsendicke auch bei *Stylites* im Verhalten des VP zum Ausdruck kommt. In der Tat erfährt dieser gemäß Abb. 16 und Abb. 17 eine beachtliche Erstarkung: So hat der VP einer älteren Keimpflanze von *St. gemmifera* auf dem 2 Blattstadium einen Durchmesser von 73 µ (Abb. 16), der einer erstmalig Sporangien erzeugenden Pflanze mit 1,3 cm langem und 1 cm dickem Achsenkörper einen solchen von 322 µ (Abb. 17, II)[2]. Die größten

---

[1] Anatomische und histogenetische Untersuchungen hierüber stehen noch immer aus.

[2] Gemessen wurde stets der Basisdurchmesser des blattanlagenfreien Abschnittes des VP auf dem Medianschnitt.

Vegetationspunkte mit einem Durchmesser von 650 μ wurden an dichotom verzweigten Exemplaren festgestellt (Abb. 18, II). Doch wird es sich hierbei wohl um Scheitel handeln, die zu einer erneuten Gabelung sich vorbereiten, wobei zuvor eine erhebliche Verbreiterung eintreten dürfte. Mit Abklingen des Erstarkungswachstums und mit verstärkter Aufnahme des Längenwachstums läßt sich

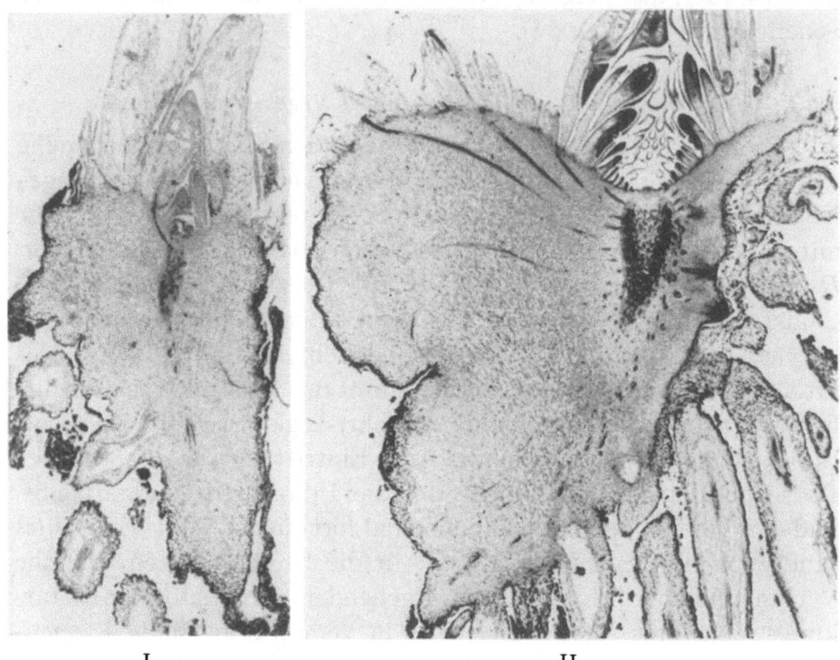

Abb. 15. *St. gemmifera.* Erstarkungswachstum. In I ist die Achse 0,5 cm lang und 2 mm dick, in II 1 cm lang und oberhalb des Scheitels 1,2 cm dick, die Achsenstele ist nicht in ihrer ganzen Länge erfaßt

wiederum eine geringe Volumenverminderung, verbunden mit einer weiteren Vorwölbung des VP, beobachten (Abb. 17, III).

Mit der Erstarkung des VP ist, wie schon früher von TROLL u. RAUH (1950) und RAUH u. REZNIK (1953) für eine Reihe von Angiospermen festgestellt, ein recht auffallender, irreversibler Formwechsel verbunden. Anfangs eine nahezu ebene Fläche darstellend (Abb. 16; Abb. 10), bildet sich der VP im Verlauf der Entwicklung durch Vergrößerung seiner Zellmasse zu einem ansehnlichen Kegel mit breiter Ansatzfläche um (Abb. 17)[1]. Hinsichtlich seiner äußeren

---

[1] Dieser Formwechsel ist bereits von BRUCHMANN (1874) vermerkt worden, wenn er sagt, daß es ,,zur Bildung eines gewölbten Scheitels erst im

Form ist es dabei belanglos, ob die Schnittrichtung parallel zur wurzelnden Seite oder senkrecht dazu geführt wird.

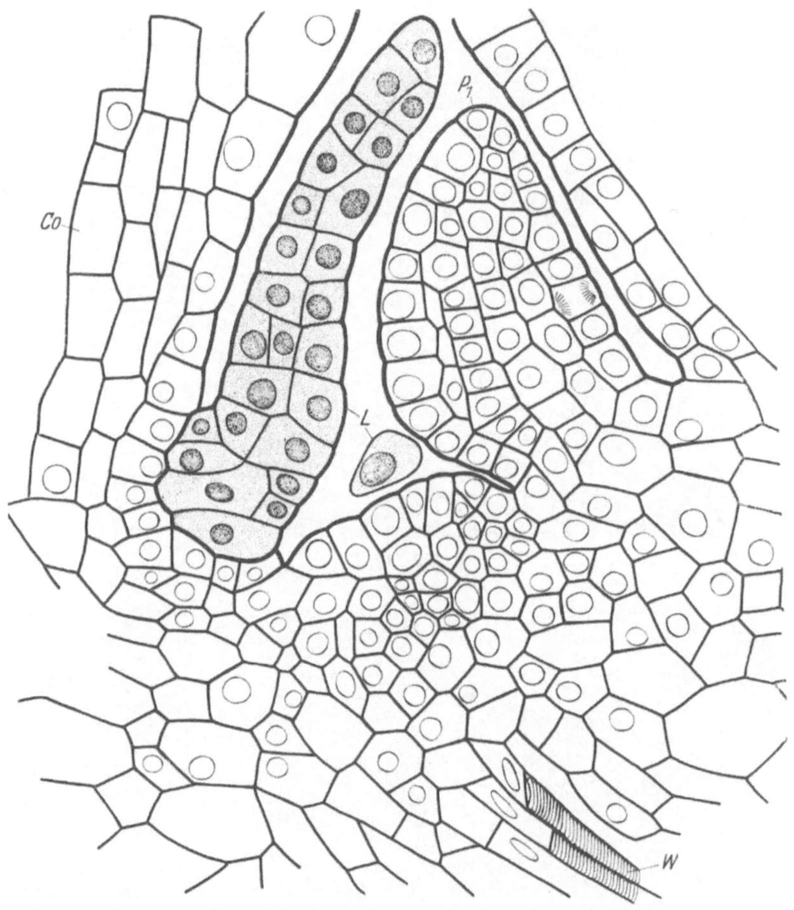

Abb. 16. *St. gemmifera.* Medianschnitt durch den Scheitel einer zweiblättrigen Keimpflanze. *Co* Kotyledo, P_1 erstes Laubblatt, das nicht ganz median getroffen ist, so daß dessen Ligula (*L*) nur angeschnitten ist; *W* angeschnittenes Leitbündel der ersten Wurzel (450fach vergr.)

Von besonderer Bedeutung für die spätere Diskussion der Achsenverdickungsvorgänge von *Stylites* ist die Feststellung, daß Exemplare mit extrem verlängerter, jedoch relativ dünner Achse,

---

Laufe der Entwicklung" kommt. Die in der Literatur auftretenden Widersprüche hinsichtlich der Scheitelform bei *Isoëtes* finden vielleicht darin ihre Erklärung, daß die einzelnen Forscher ihren Untersuchungen, unter völliger Vernachlässigung der Entwicklungsgeschichte, jeweils nur ein Entwicklungsstadium zugrunde legten.

wie man sie häufiger im Zentrum der Polster von *St. andicola* antrifft, einen auffallend schlanken, spitz-kegelförmigen VP besitzen,

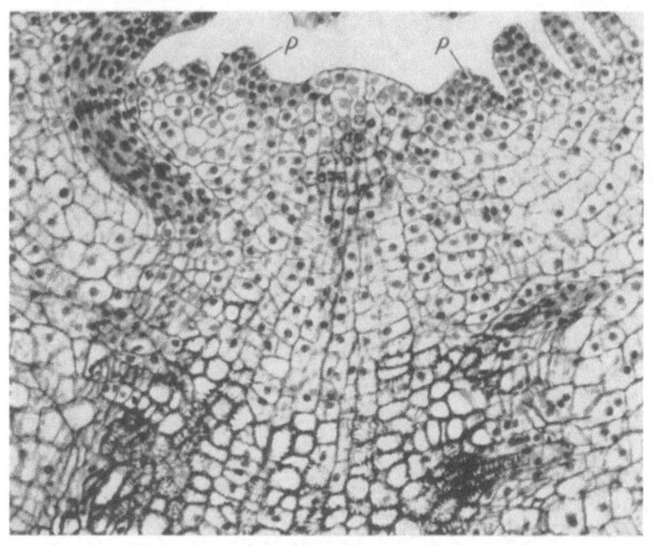

Abb. 17, I

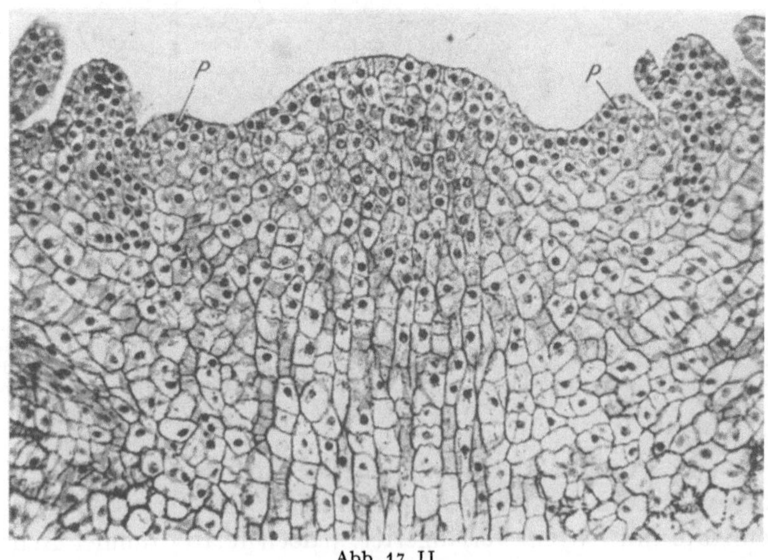

Abb. 17, II

dessen Spitze nur aus wenigen Zellreihen besteht (Abb. 19), und
an dessen Basis die Blattprimordien sich als auffallend große Höcker
ausgliedern. An derart abnorm verlängerten Vegetationspunkten

kann die Zentralmutterzellgruppe auf wenige Zellen reduziert sein (Abb. 19, II). Wenn der spätere Xylemzylinder dennoch eine gewisse Dicke aufweist, so wird diese in der Weise erreicht, daß die Zellen der vom Zentralmutterzellkomplex abstammenden Xylemreihen an der Scheitelbasis sich unter Periklinalteilung in radialer Richtung strecken. Auch die Rindenantiklinalen treten anfangs

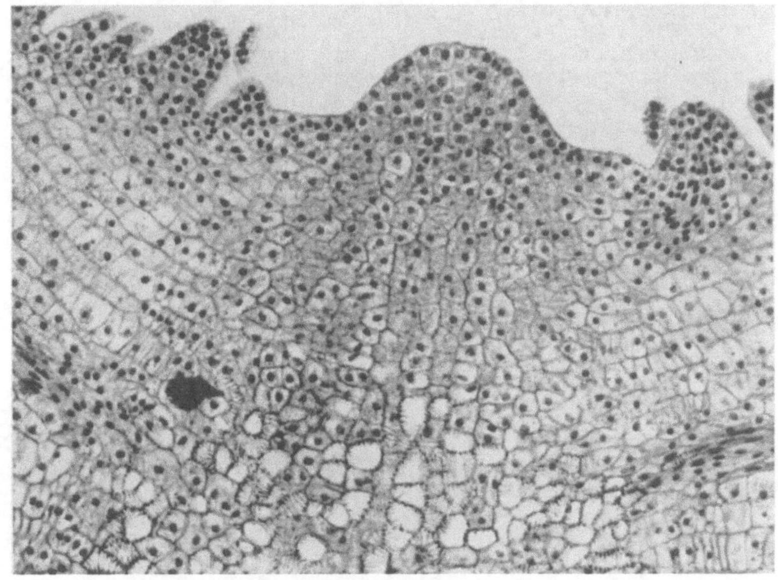

Abb. 17, III

Abb. 17. *St. gemmifera.* I—II Erstarkung des Vegetationspunktes. I u. II Scheitel der in Abb. 15 I—II wiedergegebenen Pflanzen; III Scheitel einer älteren Pflanze mit 5 cm langer Achse. Die Durchmesser der Scheitelbasis betragen in I 110 μ, in II 322 μ, in III 214 μ; *P* Primordien

in nur geringer Anzahl in Erscheinung und erfahren erst an der Basis des VP eine Vermehrung.

Bei den höheren Pflanzen wird nun außer dem *Erstarkungs*formwechsel noch ein weiterer, der sogenannte *Plastochron*formwechsel unterschieden. Er ist dadurch charakterisiert, daß es sich hierbei um einen reversiblen Vorgang handelt, indem bei der Primordienbildung stets ein Teil des VP verbraucht wird, dieser aber jedesmal zu seiner Ausgangsform zurückkehrt.

Wie schon von BRUCHMANN (1874) angedeutet, läßt sich der Plastochronformwechsel auch bei *Isoëtes lacustris* und damit erwartungsgemäß auch bei *Stylites*, wenigstens an Jungpflanzen, nachweisen. Der Fig. I in Abb. 10 ist zu entnehmen, daß stets ein

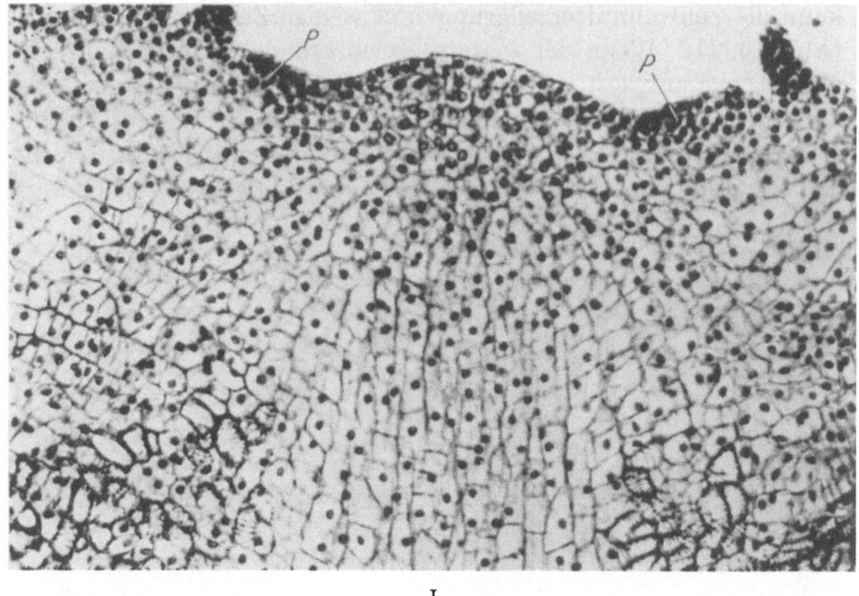

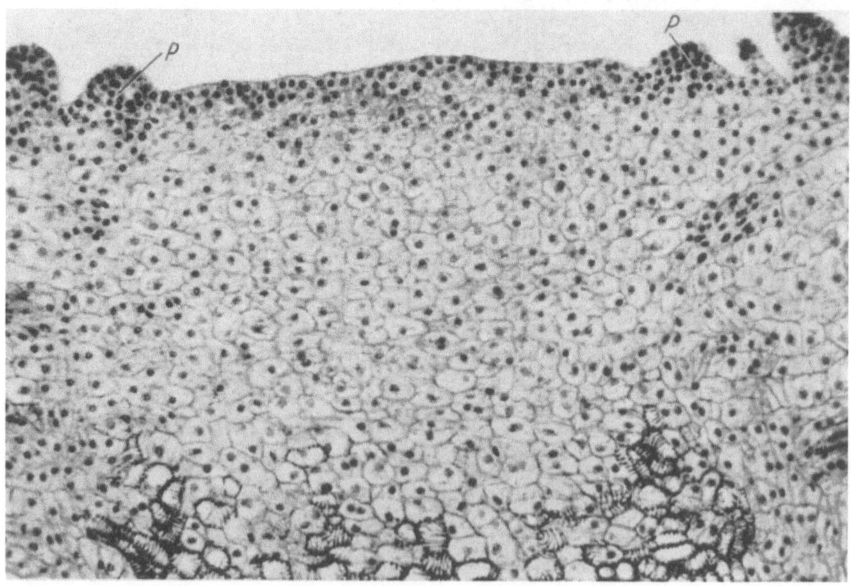

I

II

Abb. 18. *St. gemmifera.* Medianschnitte durch die Scheitel von Dichotomästen; ihre Durchmesser betragen in I 350 μ, in II 650 μ; *P* Primordien

großer Teil des noch flachen Scheitels in die Blattbildung einbezogen wird. Da nun die Primordien in rascher Folge ausgegliedert werden,

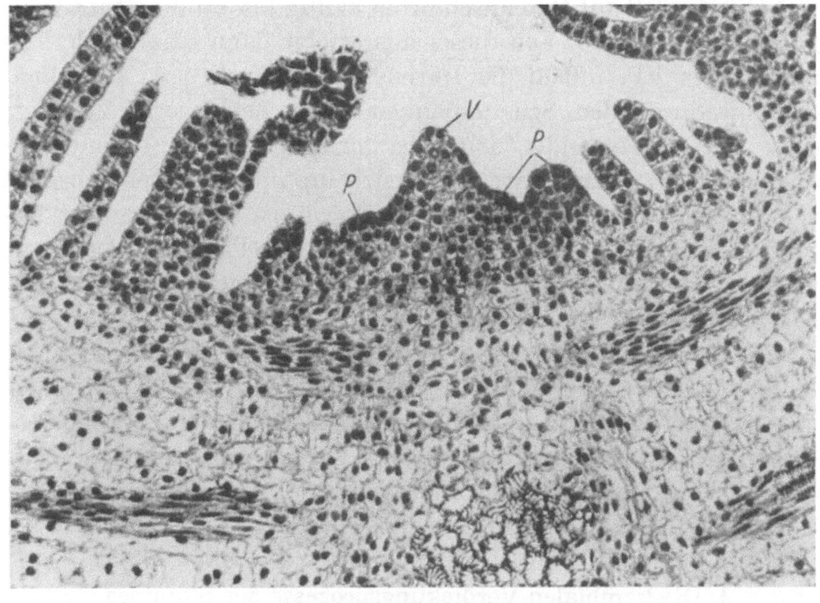

I

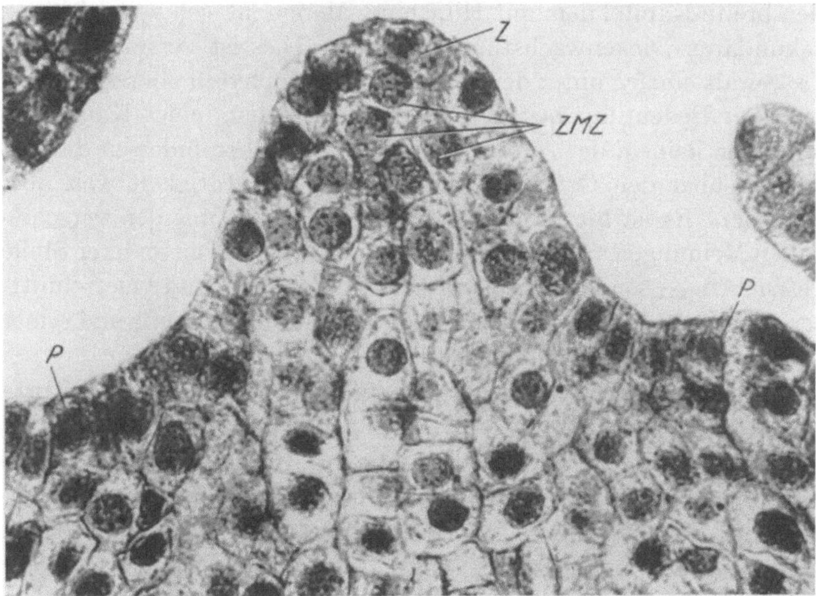

II

Abb. 19. *St. andicola.* Medianschnitt durch die Scheitelregion einer stark verlängerten, aber sehr dünnen Achse, deren VP in II vergrößert (Basisdurchmesser 109μ, Höhe 73μ) ist; *P* Primordien, *Z* Zentralzellen, *ZMZ* Zentralmutterzellkomplex

erscheint der VP auf Medianschnitten häufig bis auf die Zentralzellgruppe „eingeengt". Von dieser aus erfolgt dann eine Wiederher-
stellung des VP, indem die Initialen sich vorwiegend antiklinal
teilen, wodurch den Scheitelflanken neues Zellmaterial zugefügt
wird. Mit zunehmender Scheitelerstarkung und der damit verbundenen Aufwölbung tritt der Plastrochronformwechsel mehr und
mehr zurück, und die Plastik des VP wird allein von seiner Erstarkung beherrscht (Abb. 14; Abb. 17). Die Primordien gliedern
sich nunmehr an der Basis des fortschreitend mächtiger werdenden
VPs aus, ohne dessen Form weiterhin zu beeinflussen.

Abschließend stellen wir fest, daß die bisher ausschließlich für
die Scheitel höherer Pflanzen erarbeiteten Gesetzmäßigkeiten der
Scheitelzonierung und -erstarkung sich nunmehr auch auf die Isoëtacee *Stylites* übertragen lassen, und es dürfte eine lohnende Aufgabe sein, daraufhin auch andere Pteridophytengruppen ohne
Scheitelzellwachtum zu untersuchen.

3. Die kambialen Verdickungsprozesse des Stammes

In allen an *Isoëtes*-Arten durchgeführten Untersuchungen werden breite Kapitel dem mit Hilfe eines Meristems sich vollziehenden
sekundären Dickenwachstum gewidmet. Dies ist verständlich, da
Isoëtes als einzige unter den rezenten Pteridophyten ein solches von
größerer Bedeutung besitzt[1]. Wird die Existenz eines Kambiums
auch von keinem der Autoren geleugnet, so gehen indessen die Ansichten über den Ort seiner Entstehung und Tätigkeit weit auseinander. Es ist hier nicht unsere Aufgabe, uns mit den verschiedenen Meinungen auseinanderzusetzen — dies wird an anderer Stelle
geschehen —, sondern es soll an Hand von Längs- und Querschnitt-
serien eine Analyse der Entstehung des Achsenkambiums und seines
weiteren Verhaltens allein für *Stylites* gegeben werden.

Ein Längsschnitt durch die Apikalregion einer älteren Pflanze
ist in Abb. 20, I wiedergegeben. Der recht breite und kegelförmig
aufgewölbte VP ist infolge nur geringer Aufbiegung der Rindenantiklinalen in eine recht flache Grube verlagert. Schon wenig unterhalb des Vegetationskegels läßt sich beiderseits des prokambialen
Xylemzylinders (*pcX*) eine basalwärts ziehende Zone schmaler
Zellen mit langgestreckten, elliptischen, stark chromophilen Kernen

---

[1] Das in der Literatur für einige Ophioglossaceen angegebene sekundäre
Dickenwachstum ist für die Achsenverdickung nur von untergeordneter
Bedeutung.

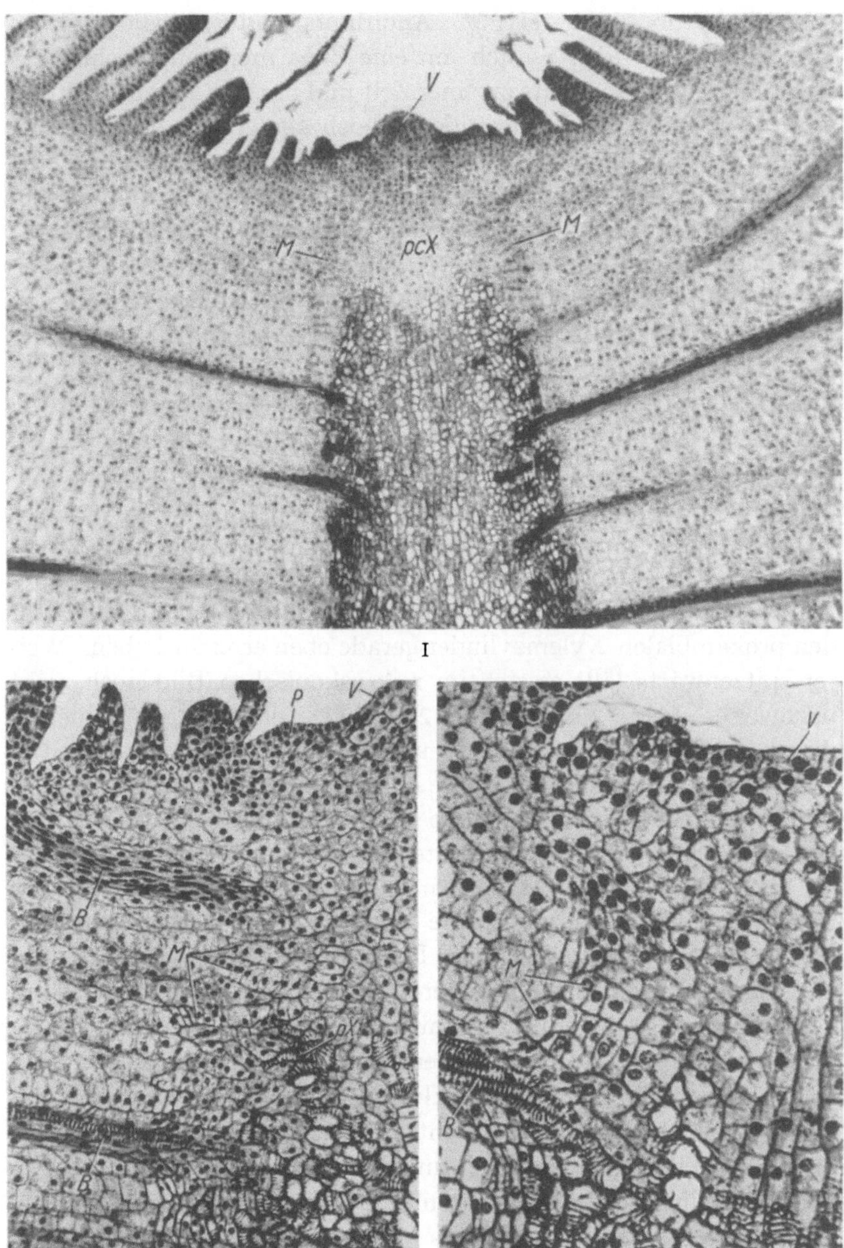

I

II   III

Abb. 20. *St. andicola.* I Längsschnitt durch die Apikalregion des Stammes einer älteren Pflanze, die Meristembildung (*M*) zeigend; II—III *St. gemmifera.* Ausschnitte aus dem Xylemzylinder und primärer Rinde, die beginnende Meristembildung zeigend; *V* Vegetationspunkt, *pcX* prokambialer Xylemzylinder, *pX* peripheres Xylem, *B* Blattspurbündel (I 45-, II 100-, III 200fach vergr.)

erkennen (Abb. 20, II—III, *M*). Anordnung und Form dieser Zellen lassen vermuten, daß es sich um eine Zone meristematischen Gewebes handelt, die bereits zu einer Zeit und in einer Region sichtbar wird, in welcher der Xylemzylinder noch keinerlei Differenzierung zeigt und noch aus homogenem, halbmeristematischem Zellmaterial besteht. Mit dem Erscheinen dieser Meristemzone wird nunmehr das prokambiale Xylem scharf gegen das Gewebe der primären Rinde abgegrenzt.

Wie die weitere Analyse ergibt, nimmt diese Meristemzone von der innersten, den Zentralzylinder begrenzenden Zellschicht der primären Rinde ihren Ausgang (Abb. 20, II—III; Abb. 12). In deren Zellen folgen rasch aufeinander mehrere Periklinalteilungen, so daß aus einer Zelle mehrere (bei jungen Pflanzen meist bis zu 6, bei älteren, bereits kräftig in die Dicke gewachsenen Pflanzen bis zu 15) schmale Zellen von langgestreckter Form hervorgehen (siehe auch Abb. 26)[1]. In der Regel tritt dieses Meristem, das wir als *primäres* bezeichnen wollen, ziemlich plötzlich und unvermittelt auf, und zwar in jener Region, in welcher die Initialbündel der Blätter den prokambialen Xylemzylinder gerade eben erreicht haben. Weiter spitzenwärts läßt es sich im mikroskopischen Bild noch nicht nachweisen (Abb. 20, II; Abb. 21). Über das weitere Schicksal dieser Meristemzone wollen wir uns an Hand einer Querschnittsserie durch die 4 mm dicke Achse einer jungen Pflanze von *St. gemmifera* (Abb. 21) orientieren, wo die Verhältnisse sich wesentlich klarer und übersichtlicher gestalten als auf Längsschnitten.

Fig. 1 der Abb. 21 zeigt einen Querschnitt durch die Basis des Vegetationskegels. Eine scharfe Sonderung des Gewebes in die spätere Stammstele und primäre Rinde ist noch nicht festzustellen; die äußere Begrenzung der ersteren läßt sich allenfalls auf Grund der Anordnung der quergeschnittenen Initialbündel der Blattprimordien (*J*) vermuten. Im Zentrum des prokambialen Xylems hebt sich deutlich eine Gruppe kleiner Zellen mit „leeren" Kernen heraus (Abb. 22), welche den Zentralmutterzellkomplex kennzeichnen. In den Zellen der späteren primären Rinde sind zahlreich erfolgte Periklinalteilungen zu beobachten, wodurch die auf S. 24 geäußerte Auffassung des Rindenzuwachses in Scheitelnähe gestützt wird.

Fig. II der Abb. 21 zeigt die beginnende Meristembildung und damit die jetzt deutlich werdende Begrenzung des prokambialen

---

[1] Auch hierbei wurden niemals Mitosen beobachtet (s. auch die Anmerkung 4 auf S. 20).

Xylemzylinders nach außen; der gesamte, vom Meristem umschlossene Gewebekomplex wird den Fig. III und IV zufolge zum

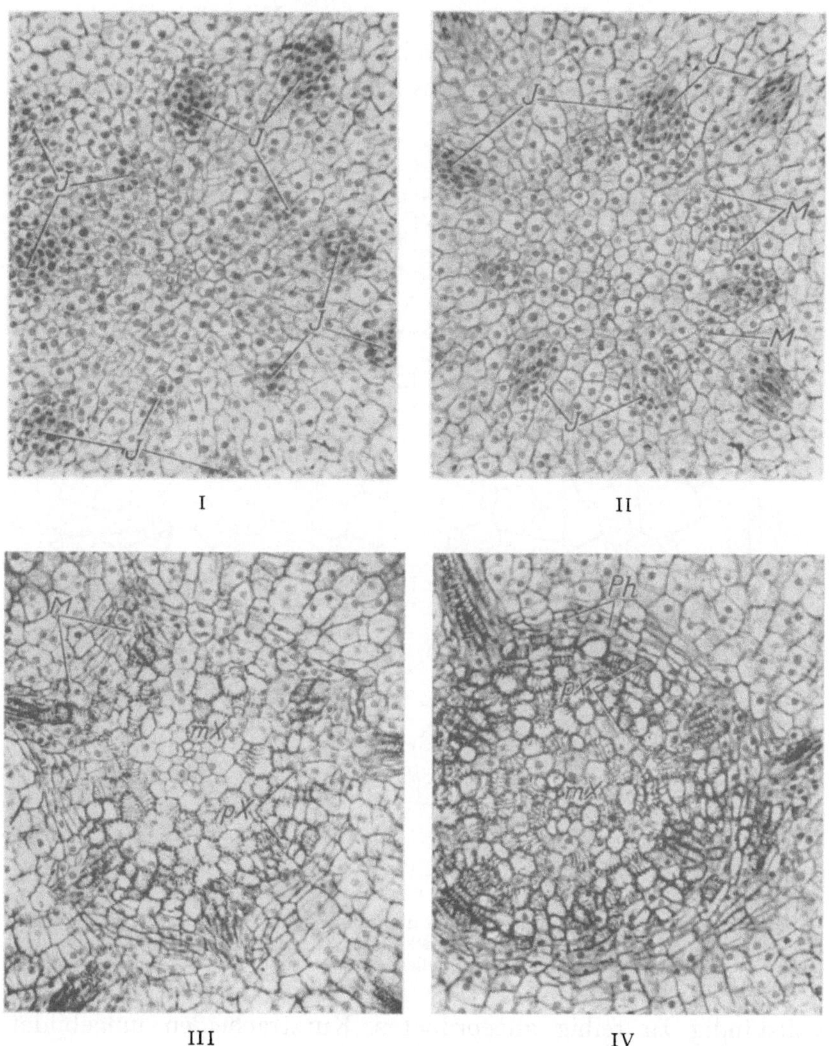

I   II

III   IV

Abb. 21. Querschnittsserie durch die Achse einer jungen Pflanze von *St. gemmifera*, die
Meristembildung und Differenzierung der Achsenstele zeigend. *J* Quergeschnittene Initial-
bündel der Blätter; *mX* medulläres, *pX* peripheres Xylem; *M* primäres Meristem; *Ph*
Phloem; die einzelnen Schnitte sind jeweils rund 100 μ voneinander entfernt. Nähere
Erläuterungen im Text

Xylem. Ein der Fig. II entsprechendes Stadium ist als Zeichnung
in Abb. 22 wiedergegeben. In der Regel bildet das Meristem (auf

Querschnitten) nicht von vornherein einen geschlossenen Ring, sondern seine Bildung nimmt von einer Seite des Xylemzylinders her seinen Ausgang und schließt sich erst etwas tiefer zu einem von den Initialbündeln der Blätter unterbrochenen Mantel.

Fig. III (Abb. 21) stellt ein weiter fortgeschrittenes Differenzierungsstadium dar. Die Zellen des Außenxylems haben sich nahezu

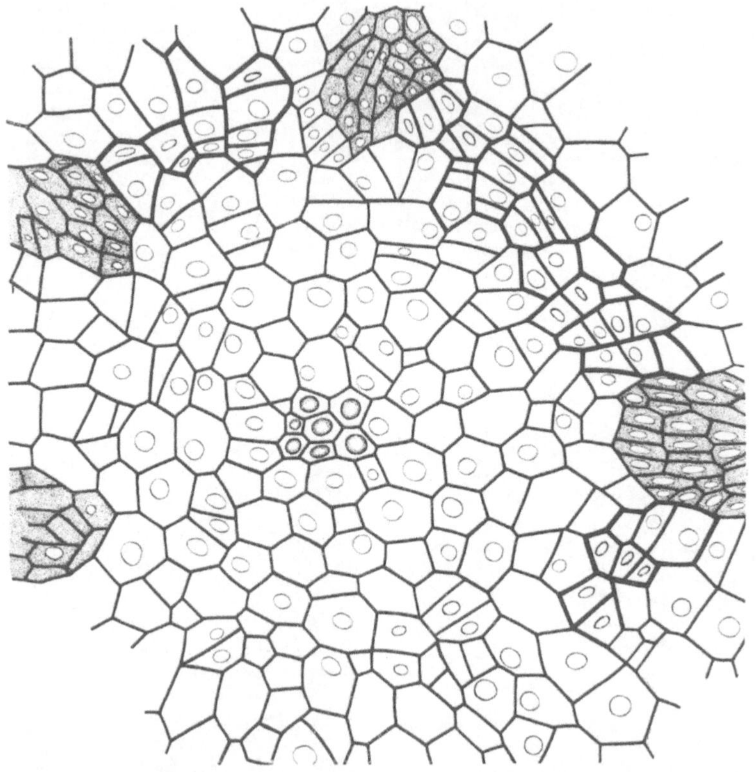

Abb. 22. *St. gemmifera*. Querschnitt durch die prokambiale Stele einer jüngeren Pflanze. Die Zellen der Meristemzone sind durch dickere Linien, die der Blattinitialbündel durch Punktierung hervorgehoben; Kerne der Zellen des Zentralmutterzellkomplexes punktiert

vollständig zu reihig angeordneten Kurztracheïden umgebildet, während im medullären Xylem die Parenchymzellen noch vorherrschen. Der Meristemring tritt gegenüber Fig. II viel deutlicher in Erscheinung.

In Fig. IV schließlich hat der Xylemzylinder seinen nahezu endgültigen Durchmesser erreicht, und die Differenzierung seiner Zellen ist weitgehend abgeschlossen; erst auf diesem Stadium läßt sich nunmehr auch Phloem nachweisen, dessen Zellen sich auf Grund

der schon auf S. 4 erwähnten Eigenschaften (starke Färbbarkeit
der Membranen, Degeneration der Kerne) scharf von den sie umgebenden Parenchymzellen abheben[1].

Uns interessiert vor allem die Histogenese des Phloems. Diese
Frage zu klären, bedeutet gleichzeitig, das weitere Schicksal des

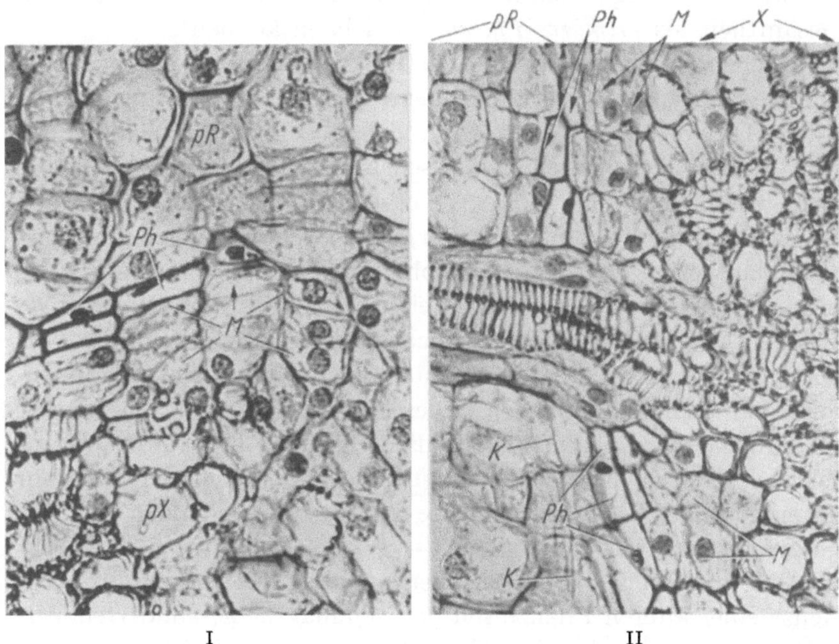

Abb. 23. *St. gemmifera.* Entstehung des primären Phloems im Quer- (I) und im Längsschnitt (II). Die Phloemzellen (*Ph*) heben sich deutlich auf Grund der dunkleren Färbung
ihrer verdickten Wände heraus; *M* Zellen des primären Meristems, *pR* primäre Rinde,
X Xylem; *K* Kambium (400fach vergr.)

primären Meristemringes zu verfolgen. Wie durch Fig. I und II der
Abb. 23 belegt wird und weiterhin in dem Schema Abb. 26 zum
Ausdruck gebracht ist, lassen die äußeren ein oder zwei Zellreihen
des Meristemmantels recht bald eine auffällige Verdickung ihrer
Membranen erkennen (s. auch Farbtafel I, II, IV), womit gleichzeitig eine Degeneration ihrer Kerne erfolgt. Wir nehmen an, daß
diese Zellen mit ihrer cyto-histologischen Umgestaltung nunmehr

---

[1] Leider gibt die Schwarzweißphotographie diese an gefärbten Schnitten
recht deutlichen chromatischen Effekte nur unvollständig wieder. Besonders
eindrucksvoll sind Bilder im polarisierten Licht, da die Membranen der
Phloemzellen, und zwar nur diese, infolge ihrer starken Zelluloseauflagerung
eine starke Doppelbrechung aufweisen (Näheres hierüber S. 66 und Farbtafel).

auch eine physiologische erfahren haben. Da sie sich nun kontinuierlich in das Phloem der in den Xylemzylinder eintretenden Blattspuren verfolgen lassen und hieran Anschluß nehmen (Abb. 8, I—II; Abb. 23, II), ziehen wir den Schluß, daß es sich um Zellen handelt, die im Dienste der Leitung organischer Stoffe stehen, und die wir demzufolge wohl mit Recht als *Phloem*, und zwar in ihrer Gesamtheit als *primäres Phloem* bezeichnen können[1].

Nach dessen Ausbildung aber ist die Tätigkeit des primären Meristems erloschen; es finden keine weiteren Zellteilungen mehr statt. Die verbleibenden inneren Zellen behalten zunächst noch eine Zeitlang ihren parenchymatischen Charakter bei und bilden in ihrer Gesamtheit die auf S. 13 erwähnte Xylemscheide. Deren Zellen können nun von innen her, d. h. in zentrifugaler Richtung, sekundär verholzen (Abb. 24; Abb. 25, *sX*; Abb. 26), wodurch sie bis auf ein oder zwei Zell-Lagen eingeengt wird (Abb. 26, IV—V). Gelegentlich können auch sämtliche Parenchymzellen in die Verholzung einbezogen werden, so daß Xylem und Phloem dann unmittelbar aneinandergrenzen. Dieses so entstandene Xylem wäre als *sekundäres* zu bezeichnen[2]; daß es für die Achsenverdickung als solche und auch für die Erweiterung des Xylemzylinders eine nur untergeordnete Rolle spielt, dürfte aus dem Vorstehenden klar hervorgehen.

Die in Abb. 25 wiedergegebene Querschnittsserie durch die Achse einer älteren Pflanze soll noch einmal die geschilderten Verhältnisse belegen. Die Tätigkeit des primären Meristems, das in histogenetischer Hinsicht durchaus dem vieler Monokotylen gleichzusetzen ist, stellt sich wie folgt dar: Bereits in einer Region nachweisbar, in welcher die von der Zentralmutterzellgruppe der Scheitelspitze sich herleitenden Gewebe sowohl histologisch und wohl auch physiologisch noch keine Differenzierung erfahren haben, trägt es den Charakter eines durch die Bündelspuren unterbrochenen

---

[1] Während bei *Isoëtes* von keinem der Autoren das Vorhandensein eines Blatt- oder Wurzelbündelphloems angezweifelt wird, wird die Frage nach einem stammeigenen Phloem in der verschiedensten Weise beantwortet; vielfach wird der Besitz eines solchen sogar geleugnet. Wie wir später zeigen können (s. S. 65 ff.), zeichnen sich die Phloemzellen der Blatt- und Wurzelbündel — von ihrer langgestreckten Form abgesehen — durch die gleichen cyto-histologischen Eigenschaften aus, wie sie denen der Stammstele eigen sind.

[2] Bei *Isoëtes* werden unter sekundärem Xylem jene Tracheïden verstanden, welche bei manchen Arten die Prismenschicht durchsetzen. Näheres hierüber s. S. 71.

dipleurischen Kambiums von allerdings kurzer Lebensdauer und geringer Aktivität. Es gibt sowohl nach der Peripherie als auch nach innen Zellmaterial ab, so daß eine nach dem Alter der Pflanze in der Breite variierende Zone meristematischen Gewebes entsteht (Abbildung 25, I; Abb. 26, I—III), deren Zellen sich durch ihre schmale, fast rechteckige Form, ihren dichten plasmatischen Inhalt und die

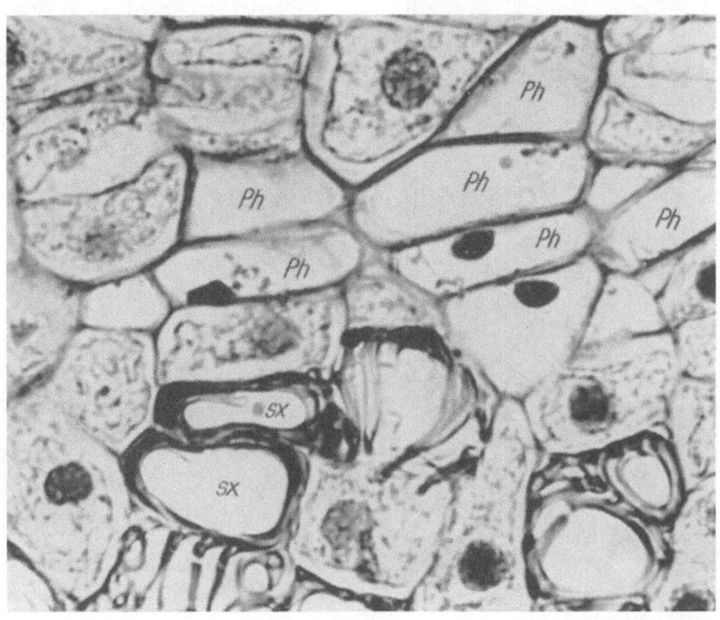

Abb. 24. *St. gemmifera.* Ausschnitt aus der primären Meristemzone (im Querschnitt) mit Phloemzellen (*Ph*) und der Bildung von sekundärem Xylem (*sX*) durch Verholzung von Zellen der Xylemscheide (1000fach vergr.)

elliptischen Kerne deutlich von denen der primären Rinde und des prokambialen Xylemzylinders abheben. Die peripher gelegenen werden zu primärem Phloem (Abb. 25, II—IV; Abb. 26, III, *pPh*; Farbtafel, I, II, IV), die inneren zunächst zur parenchymatischen Xylemscheide und später teilweise zu sekundärem Xylem (Abb. 26, IV—V, *sX*). Somit erweist sich die Tätigkeit des primären Meristems keineswegs als anormal und unterscheidet sich von dem der höheren Pflanzen allein hinsichtlich der Mächtigkeit seiner Gewebeproduktion. Das aus peripherem und medullärem Anteil sich aufbauende primäre Xylem hat nichts mit der Tätigkeit des primären Meristems zu tun, denn es läßt sich entwicklungsgeschichtlich auf den Zentralmutterzellkomplex zurückführen.

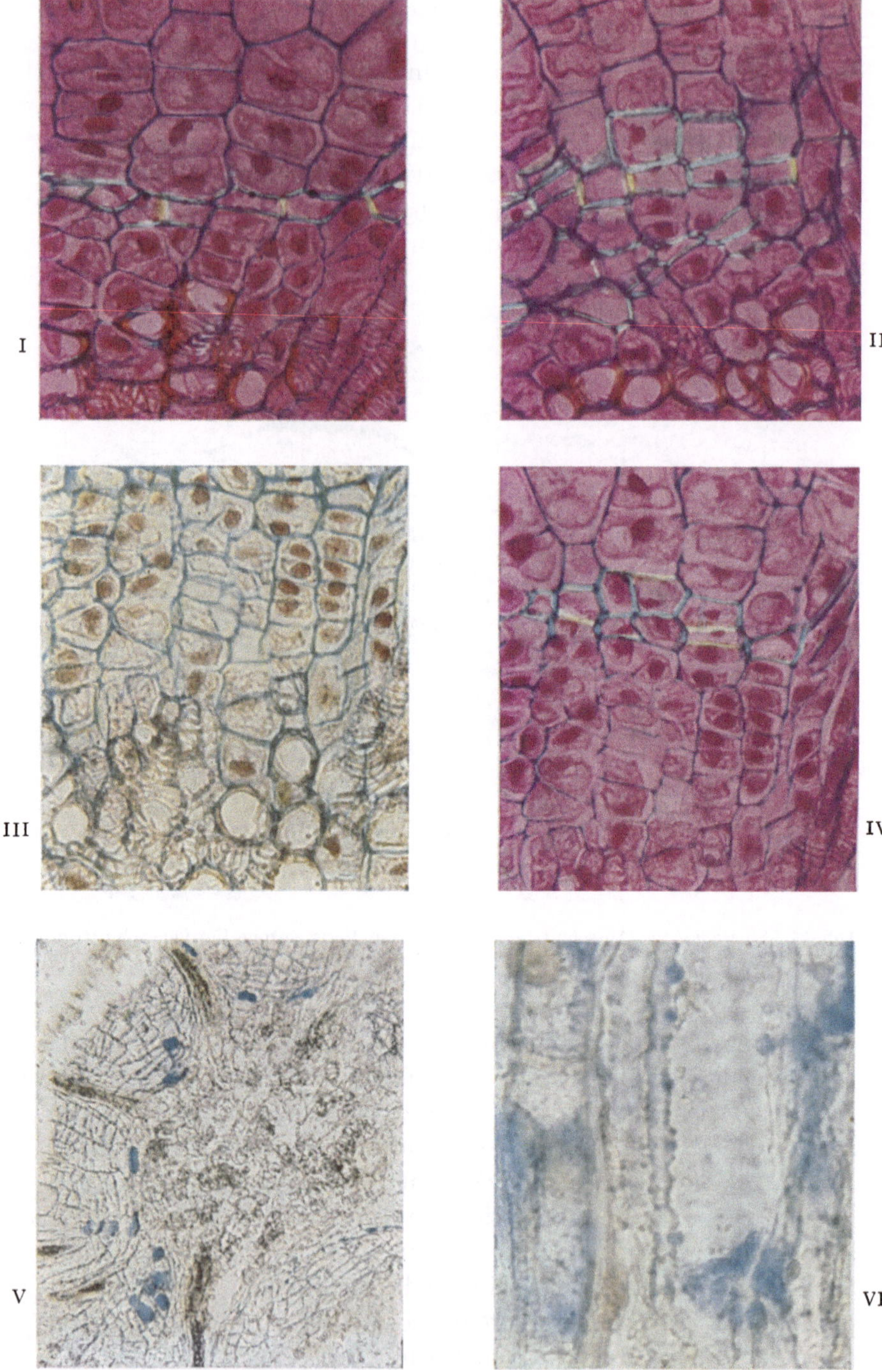

I—IV *Stylites andicola*, V—VI *St. gemmifera*. I Bildung des primären Phloems; II—IV
primäres und sekundäres Phloem (in allen Bildern ist die Rinde oben, das Xylem unten);
V Querschnitt durch die Achsenstele mit Kallosenachweis; VI Siebzelle mit Kallose-
ablagerung (I, II, IV Safranin-Fast Green-Färbung im polarisierten Licht mit Gips-
bättchen Rot I [n γ Gips I—II →, IV ↑]; III Safranin-Fast Green-Färbung; V—VI nach
Kryostatschnitten mit Resorcinblau-Färbung)

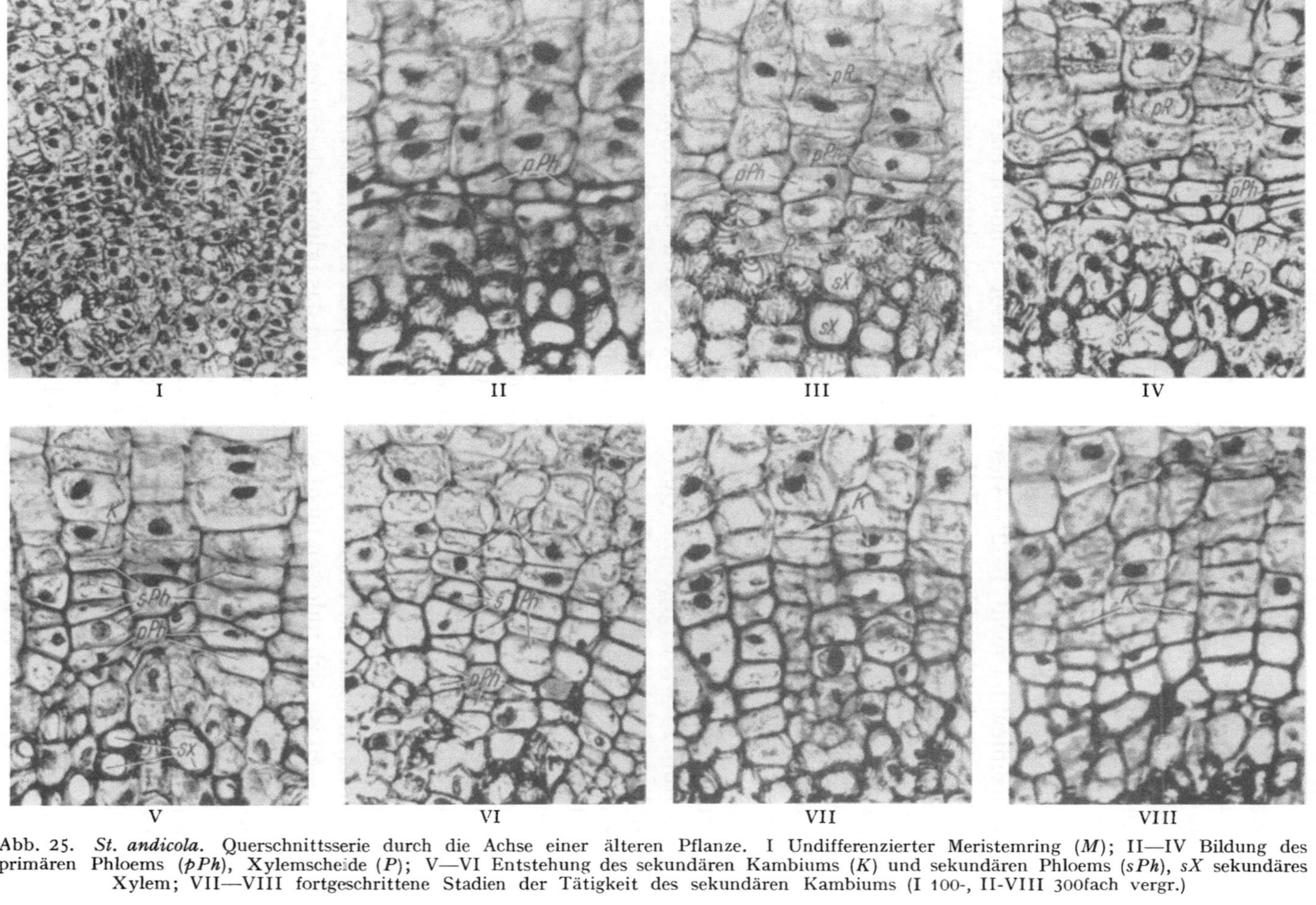

Abb. 25. *St. andicola.* Querschnittsserie durch die Achse einer älteren Pflanze. I Undifferenzierter Meristemring (*M*); II—IV Bildung des primären Phloems (*pPh*), Xylemscheide (*P*); V—VI Entstehung des sekundären Kambiums (*K*) und sekundären Phloems (*sPh*), *sX* sekundäres Xylem; VII—VIII fortgeschrittene Stadien der Tätigkeit des sekundären Kambiums (I 100-, II-VIII 300fach vergr.)

Während dieser Differenzierungsvorgänge vollziehen sich auch weiterhin Teilungen in den Zellen der primären Rinde, so daß es auch in scheitelferneren Achsenpartien zu einer fortschreitenden, radial gerichteten Verlängerung der Rindenantiklinalen und damit zu einer Erweiterung des Rindenkörpers selbst kommt, an welcher auch die Bildung großer Interzellularräume (Abb. 36, II) wesentlichen Anteil hat.

Verfolgen wir nun die Stammstele älterer Pflanzen mit bereits verlängerter Achse weiter basalwärts, so stellen wir fest, daß der Phloemmantel nicht 1—2(—3)-schichtig bleibt, sondern eine Vermehrung der Anzahl seiner Zellreihen (bis zu 15) eintritt, wie dies sowohl auf Längs- als auch auf Querschnitten ersichtlich wird (Abb. 25, V—VIII; Abb. 26, V; Farbtafel, II). Da die nun einmal zu Phloem umgebildeten Zellen in den Dauerzustand übergegangen sind, nach kurzer Zeit überhaupt funktionsuntüchtig und mit Kallose angefüllt werden (Näheres hierüber auf S. 70; Farbtafel, V bis VI), sind sie nicht mehr zu Teilungen befähigt. Die Phloemvermehrung muß also auf anderem Wege erfolgen. Zur Unterstützung der nun nachfolgend vorgetragenen Auffassung möge die in Abb. 25 wiedergegebene Querschnittsserie sowie das Schema in Abb. 26 dienen: Die an das primäre Phloem nach außen angrenzende, noch nicht in den Dauerzustand übergegangene Rindenzellschicht nimmt ihre Teilungstätigkeit wieder auf, und aus ihr bildet sich ein *sekundäres* Meristem (Abb. 25, V—VIII; Abb. 26, V, *K*), das jedoch nicht immer mit der Deutlichkeit des primären in Erscheinung tritt, da die von ihm produzierten Zellen sich sofort ausdifferenzieren. Allein aus ihrer reihigen Anordnung muß auf die Tätigkeit eines Kambiums geschlossen werden (s. auch Abb. 2). Dieses ist wiederum dipleurisch tätig, gibt nach innen Zellen ab, die sich unmittelbar zu Phloem umbilden, das jetzt als *sekundäres* aufzufassen ist, sich indessen nicht scharf gegen das primäre abgrenzen läßt (Farbtafel, II); die vom Kambium nach außen produzierten Zellen hingegen werden zu Parenchymzellen, die unter radialer Streckung selbst noch zu weiteren Teilungen befähigt sind und in ihrer Gesamtheit die *sekundäre Rinde* liefern (s. Abb. 2). Doch ist diese im Vergleich zur primären von nur geringer Mächtigkeit, wie überhaupt das *sekundäre kambiale* Dickenwachstum bei *Stylites* im Gegensatz zu *Isoëtes* von untergeordneter Bedeutung ist und der Achsenkörper vorwiegend aus primären Geweben besteht.

Am stärksten entfaltet dieses sekundäre Kambium seine Aktivität im Bereich der Streckungszone der Achse, d. h. ca. 0,5—2 cm unterhalb des Scheitels. An Jungpflanzen mit noch kurzem Stamm kommt es im Bereich der verjüngten, geschwächten Zone überhaupt nicht zur Ausbildung oder ist nur in ganz beschränktem Maße tätig, wozu Fig. I—II, Abb. 27 als Beleg dienen möge. Aber auch ältere Pflanzen mit sehr dünnen Achsen lassen zuweilen das sekundäre Meristem und damit natürlich auch die sekundären Gewebe ganz vermissen. So weist auch LANG (1915) bei *Isoëtes* darauf hin, daß im Wachstum geschwächte Exemplare eines kambialen, sekundären Dickenwachstums entbehren.

Das im vorstehenden beschriebene sekundäre Meristem ist nun dem für *Isoëtes* nachgewiesenen und in der Literatur allgemein als „Kambium“ bezeichneten homolog. Da es in gleicher Weise wie bei *Stylites* tätig ist (s. WEBER 1921), dürften auch die Prismenschicht von *Isoëtes* und das sekundäre Phloem von *Stylites* als histogenetisch sich entsprechende Gewebe zu betrachten sein. Zwischen beiden

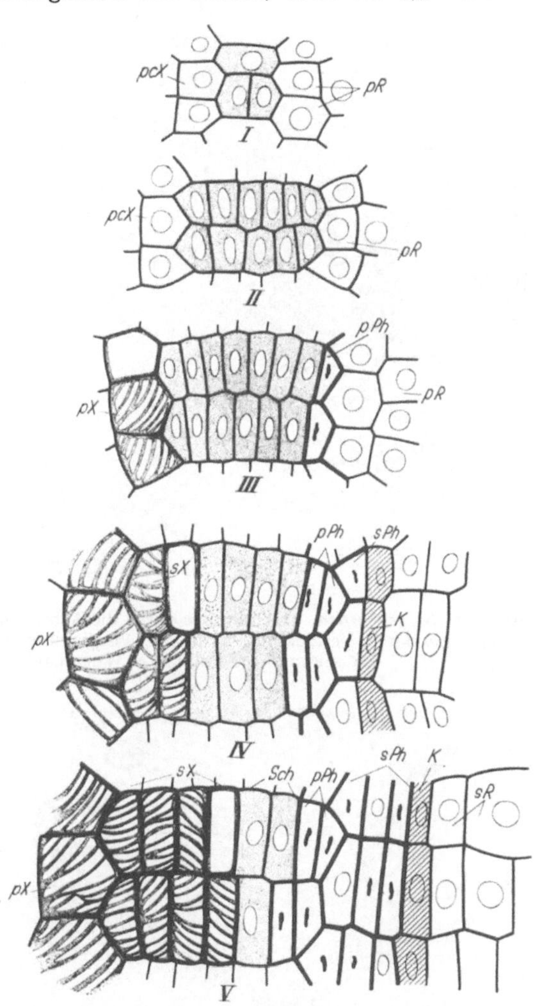

Abb. 26.   Schema der Bildung und Tätigkeit des primären Meristems (im Längsschnitt). Zellen der Meristemzone durch Punktierung hervorgehoben; *pcX* prokambiale Zellen des Xylemzylinders; *pR* primäre Rinde, *pX* primäres, *sX* sekundäres Xylem; *Sch* Xylemscheide; die Zellen des primären (*pPh*) und sekundären Phloems (*sPh*) sind dick umrandet; *K* sekundäres Kambium (Zellen schraffiert)

besteht wohl nur ein quantitativer Unterschied derart, daß jene bei *Isoëtes* eine ziemlich breite Gewebszone darstellt, bei *Stylites* hin-

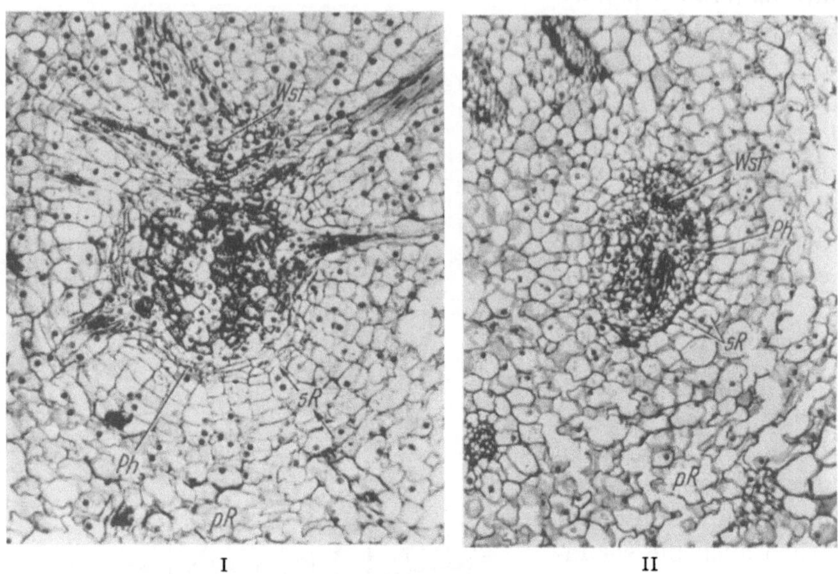

Abb. 27. *St. gemmifera.* Querschnitte durch die Achse einer jüngeren Pflanze, I im Bereich der sekundären Verdickung, II in der Verjüngungszone. *Ph* Phloem, *pR* primäre, *sR* sekundäre Rinde; *Wst* Wurzelstele (100fach vergr.)

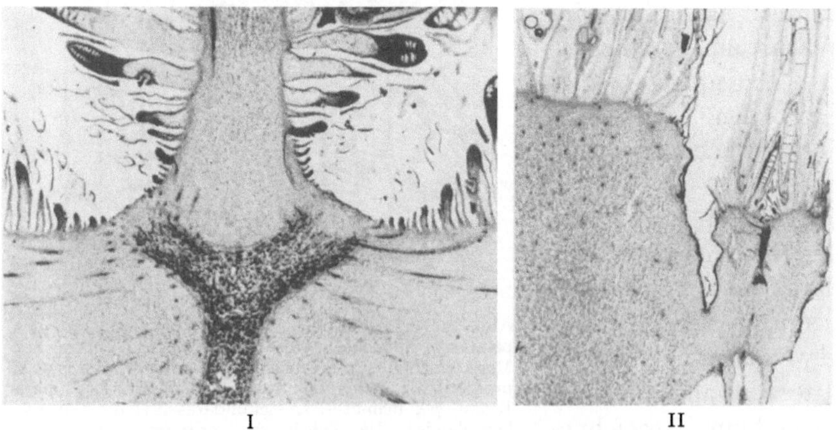

Abb. 28. *St. gemmifera.* I Medianschnitt durch die Scheitelregion einer dichotom verzweigten Pflanze; II durch einen vegetativ entstandenen, älteren Brutsproß (30fach vergr.)

gegen nur aus wenigen Zellreihen besteht. Dieser Unterschied findet aber in der bei beiden verschieden stark sich auswirkenden Relation „Dicken-Längenwachstum" seine Erklärung.

Unsere im vorstehenden vorgetragene Anschauung über die Achsenverdickungsvorgänge bei *Stylites* deckt sich weitgehend mit den von Lang (1915) an *Isoëtes lacustris* gewonnenen Ergebnissen, wir weichen von ihm aber darin ab, daß wir zwei, nach dem Ort und der Zeit ihrer Entstehung getrennt und unabhängig voneinander tätige Meristeme annehmen.

Ergänzend sei noch mitgeteilt, daß der Verdickung der Dichotomäste gabelig verzweigter Exemplare (Abb. 28, I) sowie der Achsenbildung vegetativ entstandener Pflanzen von *St. gemmifera* (Abb. 28, II) vermutlich die gleichen histogenetischen Prozesse zugrunde liegen, so daß es sich erübrigt, hierauf näher einzugehen, zumal, wie im 1. Teil der Untersuchung ausgeführt, entsprechend junge Entwicklungsstadien nicht zur Verfügung standen.

4. Entwicklung der Wurzelstele

Wesentlich einfacher ist der Bau der Wurzelstele, über den wir bereits auf S. 17 berichtet haben. Sie zeigt im Querschnitt eine $\pm$ ellipsoidische Umrißform und ist gleich der Stammstele von konzentrischem Bau; das zentrale, aus Kurztracheïden bestehende und von wenigen Parenchymzellen durchsetzte Xylem wird von einem dünnen Mantel von Phloem umgeben, der anfangs der zur Stammperipherie hinweisenden Seite fehlt, so daß die Wurzelstele zunächst als „offen" zu bezeichnen ist. Erst auf älteren Entwicklungsstadien bietet sich auch das Phloem auf dem Querschnitt als ein geschlossener, allein durch die Wurzelspurbündel unterbrochener und den Xylemzylinder allseitig umgebender Mantel dar. Zwischen beiden findet sich in Übereinstimmung mit der Achsenstele eine schmale Zone von Parenchymzellen (= Xylemscheide). Da alle Gewebe der Wurzelstele Produkte des sekundären Kambiums sind, stellt sie eine rein sekundäre Bildung dar. Sie wird, wie auf S. 92 erwähnt, relativ spät und weit unterhalb des Achsenscheitels sichtbar, kurz bevor die jüngsten Wurzeln zur Ausgliederung gelangen (s. Abb. 9), d. h. zu einer Zeit, zu welcher die Differenzierungsvorgänge in der Stammstele schon weitgehend zum Abschluß gelangt sind. Auch sekundäres Phloem und sekundäres Kambium sind bereits nachzuweisen.

Die Entstehung der Wurzelstele läßt sich besonders deutlich auf Querschnitten durch die Achsen junger Exemplare von *St. gemmifera* beobachten und vollzieht sich in der folgenden Weise: In einem auf dem Querschnitt ziemlich eng begrenzten und zur wurzelnden

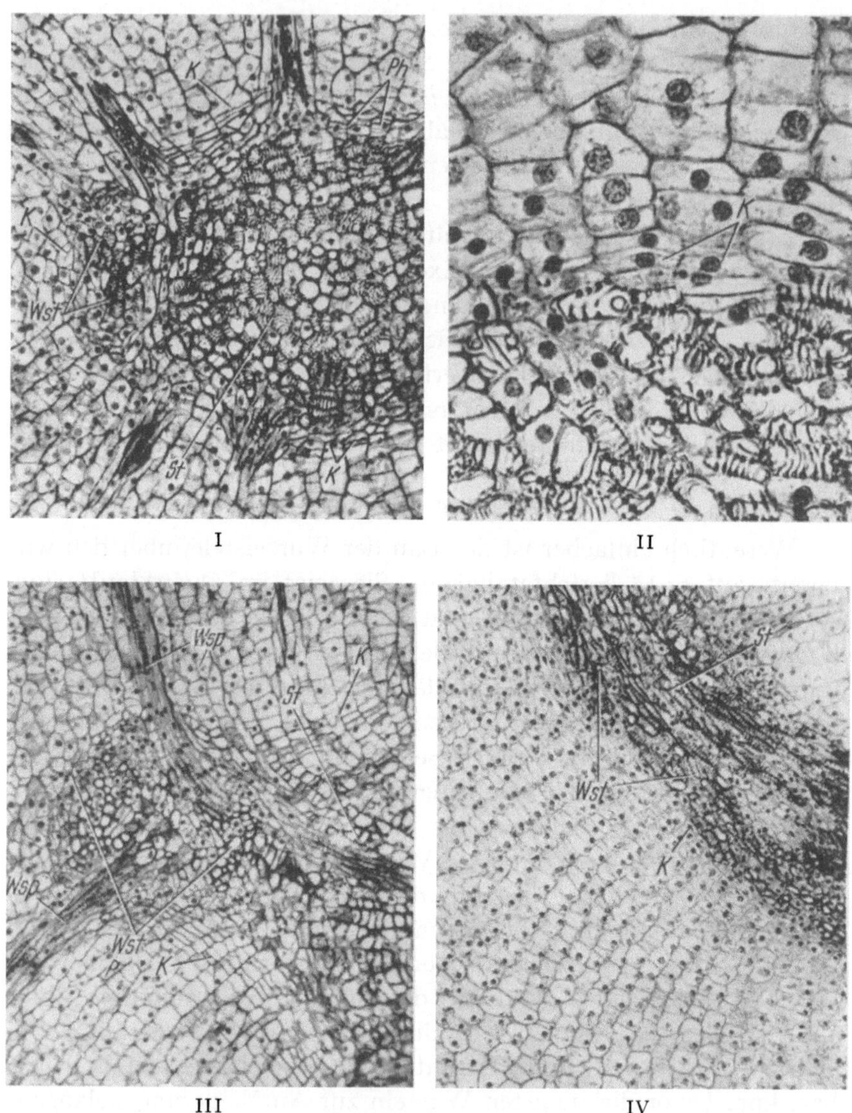

Abb. 29. *St. gemmifera.* Entwicklung der Wurzelstele. I Querschnitt durch die Achse mit beginnender Ausdifferenzierung der Wurzelstele *Wst*; III fortgeschrittenes Stadium; II Ausschnitt aus dem Kambium *K* der Außenseite der Wurzelstele im Querschnitt; IV im Längsschnitt; *St* Stammstele, *Ph* Phloem, *Wsp* Wurzelspurbündel (I, III, IV 100-, II 400fach vergr.)

Seite des Stammes hinweisenden Bezirk scheint das sekundäre Meristem eine physiologische Umstimmung zu erfahren, indem es eine verstärkte zentripetal und zentrifugal gerichtete Aktivität entfaltet (Abb. 29, I—II; Abb. 32, I). Es produziert nach außen sekundäre Rinde und nach innen Zellen von zunächst parenchymatischem Charakter, die sich jedoch nicht, wie in Analogie zur

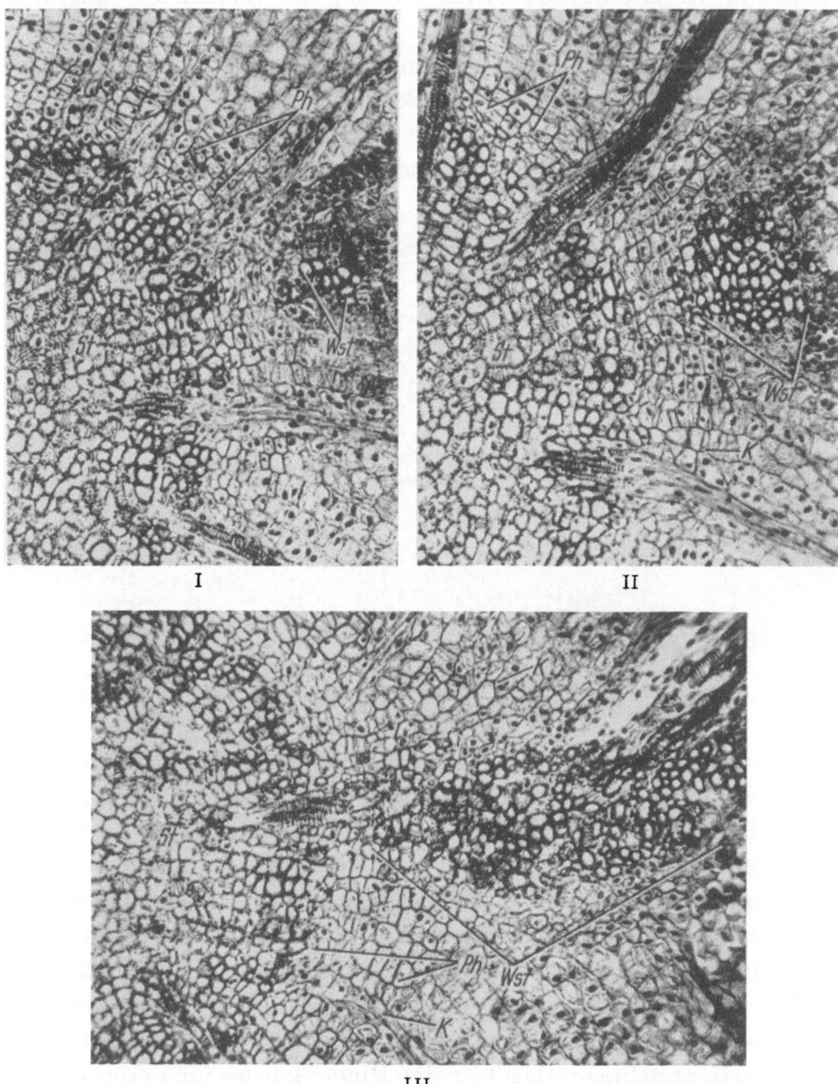

Abb. 30. *St. andicola.* Entstehung der Wurzelstele (*Wst*). Querschnitte durch eine 1,5 cm dicke Achse; *St* Stammstele, *Ph* Phloem, *K* Kambium (100fach vergr.)

Achsenstele zu erwarten wäre, zu Phloem umbilden, sondern schon recht bald eine Lignifizierung erfahren und zu Kurztracheïden werden. So erscheint außerhalb des sekundären Stammphloems eine anfangs kleine Gruppe von Holzzellen (Abb. 29, I; Abb. 30, I), welche vom Kambium umgeben wird, das sich demzufolge in diesem Bezirk zur Peripherie der Achse hin auszubuchten beginnt (Abb. 32, I). Die weitere Differenzierung der Wurzelstele läuft nun sehr rasch ab. Anhaltende Aktivität des dipleurischen Kambiums auf der „Außenseite" des Xylemkomplexes bedingt eine zentrifugal gerichtete Erweiterung des Xylemkörpers (Abb. 30, III), wobei sich dieser nach außen hin leicht verbreitert (Abb. 29, III). Die auswärts gerichtete Tätigkeit des Kambiums, welche vor allem auf medianen

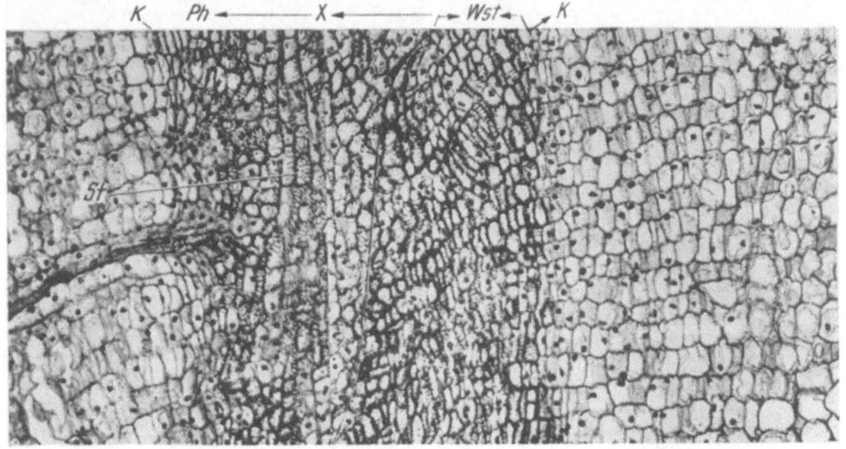

Abb. 31. *St. andicola*. Längsschnitt durch Achsen- (*St*, links) und Wurzelstele (rechts, *Wst*). Die Grenze zwischen beiden ist durch die gestrichelte Linie gekennzeichnet; *K* Kambium, *X* Xylem der Achsenstele, *Ph* Phloem (100fach vergr.)

Längsschnitten recht deutlich zum Auddruck kommt, führt zur Bildung langer, radialer, schräg abwärts gerichteter Reihen sekundärer Rinde (Abb. 29, IV), die auch das Zellmaterial für die sproßbürtigen Wurzeln liefern. Besonders instruktiv ist der in Abb. 31 wiedergegebene Längsschnitt durch den gesamten Zentralzylinder, aus welchem die unterschiedliche Aktivität des Kambiums auf der wurzelnden (Abb. 31, rechts) und nichtwurzelnden Seite (links) der Achse klar ersichtlich ist. Aus der Tatsache, daß auf der ersteren ein wesentlich größerer Betrag von sekundärer Rinde erzeugt wird, sollte man annehmen, daß hier der Rindenkörper im Vergleich zur nichtwurzelnden Seite einen größeren Durchmesser aufweisen würde; doch ist das Gegenteil der Fall, wie aus Abb. 34, III—IV hervorgeht. Dieses unerwartete Verhalten findet seine Erklärung darin, daß das Rindengewebe zwischen den sich ausdifferenzierenden Wurzeln degeneriert (Abb. 34, IV; Abb. 35, III—IV), ein Vorgang, der die Entstehung der für *Stylites* typischen Wurzelfurche zur Folge hat.

Der höchst auffallenden Aktivität des Kambiums an der „Außenseite" des Wurzelstelenxylems steht eine sehr geringe an dessen Flanken gegenüber, die zur Bildung von sekundärer Rinde und

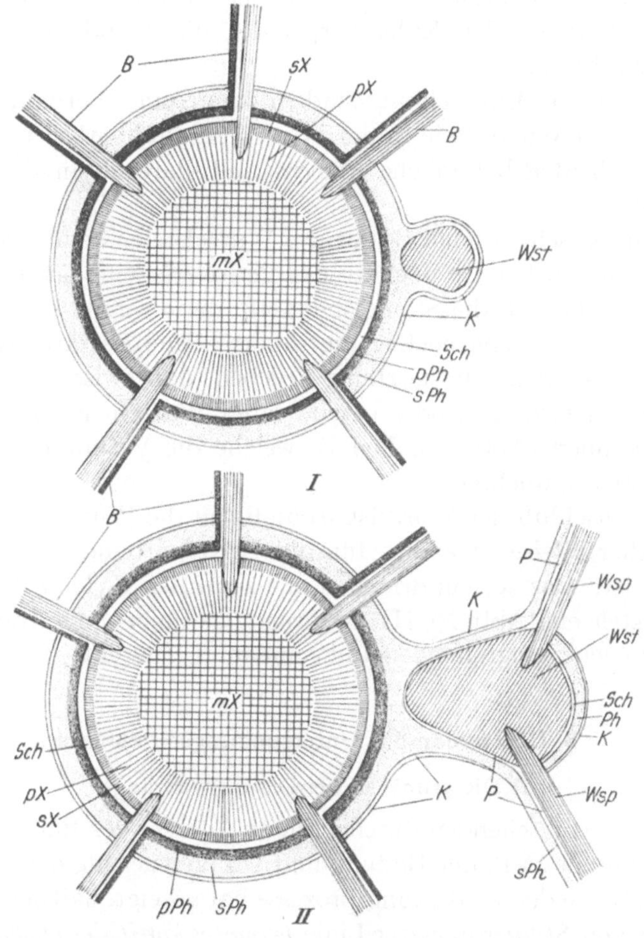

Abb. 32. Schema der Entwicklung der Wurzel- (*Wst*) und des Aufbaues der Achsenstele. Doppelt schraffiert: medulläres (*mX*), einfach weit schraffiert: peripheres Xylem (*pX*); eng einfach schraffiert: sekundäres Xylem (*sX*); weiß: Xylemscheide (*Sch*) bzw. Parenchym (*P*) der Blatt- und Wurzelspurbündel; dicht punktiert: primäres (*pPh*), locker punktiert: sekundäres Phloem (*sPh*). *K* Kambium, *B* Blattspur-, *Wsp* Wurzelspurbündel (nähere Erläuterungen im Text)

eines dünnen Mantels von Phloem führt, dessen Zellen direkt mit denen der Stammstele in Verbindung stehen (Abb. 32, II). Sekundäres Xylem wird von den Flanken her nicht gebildet, so daß das zentrale Xylem hier seine einmal erreichte Dicke auch weiterhin beibehält.

Hat die Wurzelstele ihren definitiven Durchmesser erreicht, so hört das Kambium der „Außenseite" auf, nach innen Xylem zu bilden; es erzeugt nur noch einige Reihen von Phloem, um dann seine Tätigkeit nahezu völlig einzustellen. Damit schließt sich das Phloem zu einem den Xylemkörper der Wurzelstele allseitig umgebenden Mantel.

Auf älteren Entwicklungsstadien kann eine Verbindung von Stamm- und Wurzelstele in der Weise hergestellt werden, daß das zwischen beiden befindliche Phloem und Parenchym degeneriert (Abb. 4).

Allem Anschein nach behält die Wurzelstele, wenn auch nicht in ihrer Gesamtheit, so doch an der Peripherie, eine längere Funktionstüchtigkeit als die Stammstele; läßt diese bereits Zerreißungen erkennen, so ist jene noch völlig intakt. Eine Bestätigung dieser Annahme ist in der Feststellung gegeben, daß zwischen alten, im Absterben begriffenen oder bereits toten Wurzeln noch neue entstehen können (Abb. 3 u. Teil I), welche die Verbindung mit der Wurzelstele aufnehmen.

Der Anschluß der Wurzelspurbündel an die Wurzelstele erfolgt in gleicher Weise, wie dies für die Blattspurbündel beschrieben worden ist. Das Xylem dringt in den zentralen Xylemzylinder der Wurzelstele ein (Abb. 29, III), während das Phloem die Kontinuität mit dem jene umgreifenden Phloemmantel herstellt.

5. Diskussion der Untersuchungsergebnisse

a) Die primären Verdickungsvorgänge

Die im vorstehenden durchgeführte Analyse des Baues und der Erstarkung des VP, der Bildung und Differenzierung der einzelnen Gewebe sowie der Verdickungsprozesse hat gezeigt, daß der Achsenbildung von *Stylites* in erster Linie *primäres kortikales Dickenwachstum* zugrunde liegt, während sekundäres kambiales, wenngleich vorhanden, nur eine untergeordnete Rolle spielt. Nach den bisher vorwiegend an höheren Pflanzen durchgeführten Untersuchungen ist der Betrag, den das primäre Dickenwachstum erreicht, vom Entwicklungszustand, in welchem sich die Pflanzen befinden, abhängig. In der Jugend gering, nimmt es mit fortschreitendem Alter allmählich bis zu einem Maximum zu. Dieses *Erstarkungswachstum* beruht letzten Endes darauf, daß der VP im Fortgang der Entwicklung an Umfang gewinnt und somit beim primären Dickenwachstum zunehmend stärkere Achsenteile liefert (Abb. 33). Der sichtbare Ausdruck für beides ist die verkehrt-kegelförmige Gestalt der Stammbasis und die Ausbildung $\pm$ tiefer Scheitelgruben (s. auch RAUH u. RAPPERT 1954). Diese an höheren Pflanzen gewonnenen Ergebnisse können nunmehr ohne Einschränkung auf *Stylites* übertragen werden. Deren Achsen besitzen, namentlich auf Jugend-

stadien, die zu fordernde verkehrt-kegelförmige Stammbasis (Abb. 15 und Teil I, Abb. 10, II—III), und erst nach Erreichen des nahezu endgültigen Stammdurchmessers setzt in verstärktem Maße Längenwachstum ein, wobei der Stamm in der einmal erreichten Dicke weiterwächst. Hierin besteht eine gewisse Übereinstimmung zwischen *Stylites* und vielen baumförmigen Monokotylen. Freilich tritt an älteren *Stylites*-Pflanzen die Erstarkungszone nicht mehr in Erscheinung, da die Achsen von der Basis her absterben.

Der VP weist im Verlauf der Entwicklung eine

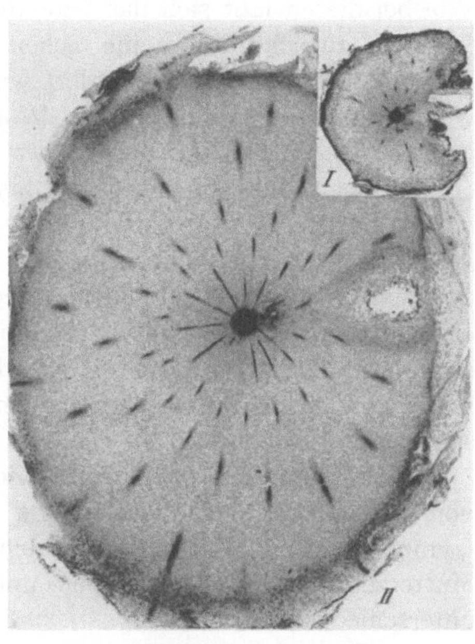

Abb. 33. *St. gemmifera.* Querschnitte durch die Achsen verschieden alter Pflanzen. I Achsendurchmesser 0,3 cm; II Achsendurchmesser 1,0 cm; beide Schnitte sind auf gleicher Höhe durch die Achse geführt

mit einem auffälligen Formwechsel einhergehende Erstarkung auf (Erstarkungsformwechsel; Abb. 16—17). In der Jugend eine fast ebene Scheitelfläche darstellend, wölbt er sich im Verlauf der Entwicklung zu einem ansehnlichen Kegel auf (Abb. 17); die auf Zellvermehrung beruhende Volumenvergrößerung des VP hat auch eine Erweiterung des Zentralmutterzellkomplexes zur Folge, so daß von vornherein die beiden die Sproßachse aufbauenden Elemente, primäre Rinde und Achsenstele, in größerer Dicke angelegt werden können (Abb. 33). Exemplare mit nur geringem Dicken-, statt dessen aber gesteigertem Längenwachstum besitzen demzufolge auch einen im Durchmesser recht schlanken, jedoch auffällig verlängerten VP (Abb. 19).

Ein Plastochronformwechsel läßt sich nur auf jungen, noch wenig erstarkten Entwicklungsstadien nachweisen; mit zunehmender Erstarkung wird dieser durch den Erstarkungsformwechsel nahezu vollständig überlagert.

Der VP selbst zeigt ein z. T. recht klares Zonierungsmuster, das in mancherlei Hinsicht an jenes vieler Gymnospermen erinnert. Wie bei diesen läßt sich das Scheitelgewebe auf eine Gruppe von Initialen zurückführen; eine Scheitelzelle hingegen, wie sie von HOFMEISTER für *Isoëtes* gefordert wurde, ist auf keinem der Entwicklungsstadien nachzuweisen. Wohl kann eine Zelle der Initialgruppe gelegentlich die Form einer Scheitelzelle annehmen, doch spricht das Teilungsmuster gegen das Vorhandensein einer solchen.

Die Zellen der Initialgruppe (= Zentralzellen; = Meristem-Initialgruppe nach BRUCHMANN) teilen sich antiklinal und periklinal und spielen an wenig erstarkten Vegetationspunkten bei der Reorganisation des zur Blattbildung aufgebrauchten Scheitelgewebes eine wesentliche Rolle. Über ihr Verhalten bei eintretender Dichotomie können mangels geeigneter Entwicklungsstadien keine Aussagen gemacht werden.

Auch das weitere cytologische Zonierungsmuster des Scheitels von *Stylites* zeigt eine auffallende Übereinstimmung mit vielen Gymnospermen. So können in Anlehnung an FOSTER eine zentrale Mutterzellzone, zentrales Rippen- und peripheres Flankenmeristem unterschieden werden.

Die Zentralmutterzellzone geht durch Anti- und Periklinalteilungen aus der Spitzeninitialgruppe hervor und grenzt sich auf Grund der Form ihrer Zellen und des Besitzes auffallend „leerer" Kerne scharf von den übrigen Zellen der Scheitelspitze ab. An ihrer Basis entsteht eine dem Rippen-(= Mark)-Meristem vergleichbare Teilungszone, von welcher basalwärts ziehende Longitudinalreihen ihren Ausgang nehmen. Während sich diese sowohl bei den Gymno- als auch bei den Angiospermen später zum zentralen Mark umbilden, liefern sie bei *Stylites* in ihrer Gesamtheit das prokambiale Gewebe für den späteren Xylemzylinder. Innerhalb desselben sondert sich nach Zugrichtung, Form und Zeitpunkt der Differenzierung ihrer Zellen ein zentraler von einem peripheren Abschnitt; der erstere entspricht dem Markkörper anderer Pflanzen; seine Zellen sind langgestreckt und lassen erst in größerer Entfernung vom Scheitel ihre Funktion erkennen. Die meisten von ihnen behalten ihren parenchymatischen Charakter bei und sind

auch weiterhin zu Teilungen befähigt; sie bilden das spätere Xylemparenchym; nur relativ wenige werden zu Tracheïden. Es wurde im
speziellen Teil deshalb auch von einem „medullären Xylem" ge-
sprochen. Die Zellen des peripheren Abschnittes hingegen erfahren
schon wenig unterhalb des Zentralmutterzellkomplexes eine radiale

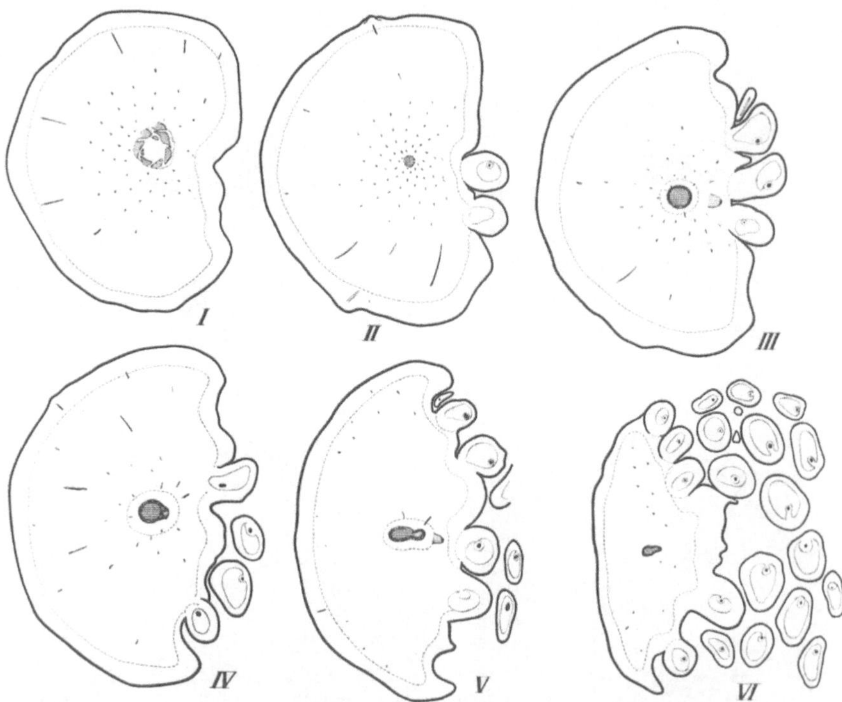

Abb. 34. *St. gemmifera.* Querschnittsserie durch 1 cm lange und 1 cm dicke Achse einer
kräftig erstarkten Pflanze. I Durch die Scheitelgrube; II im Bereich der beginnenden
Stelendifferenzierung; III—IV im Bereich der sekundären Verdickung; V—VI im Bereich
der geschwächten Sproßbasis; Xylem doppelt schraffiert; Phloem punktiert; die Grenze
zwischen Außen- und Innenrinde ist durch die äußere, die der sekundären gegen die primäre
Rinde durch die innere gestrichelte Linie gekennzeichnet

Streckung und gehen wesentlich früher in den Dauerzustand über,
wobei die Lignifizierung in zentripetaler Richtung fortschreitet. In
ihrer Gesamtheit entsprechen sie dem auf Querschnitten in radialen
Reihen angeordneten und von nur wenig Parenchymzellen durch-
setzten Außenxylem. Medulläres und peripheres Xylem zusammen
bilden das *primäre* Xylem, welches den Hauptanteil der künftigen
Achsenstele ausmacht. Schon LANG (1915) weist auf eine ähnliche
Gliederung des Xylemzylinders bei *Isoëtes lacustris* hin, wenn er von

„a central column of primary xylem" und „a peripherical zone of xylem" (s. S. 43)[1] spricht.

Von der Peripherie des Zentralmutterzellkomplexes nimmt ein dem Flankenmeristem vergleichbares Histogen seinen Ausgang,

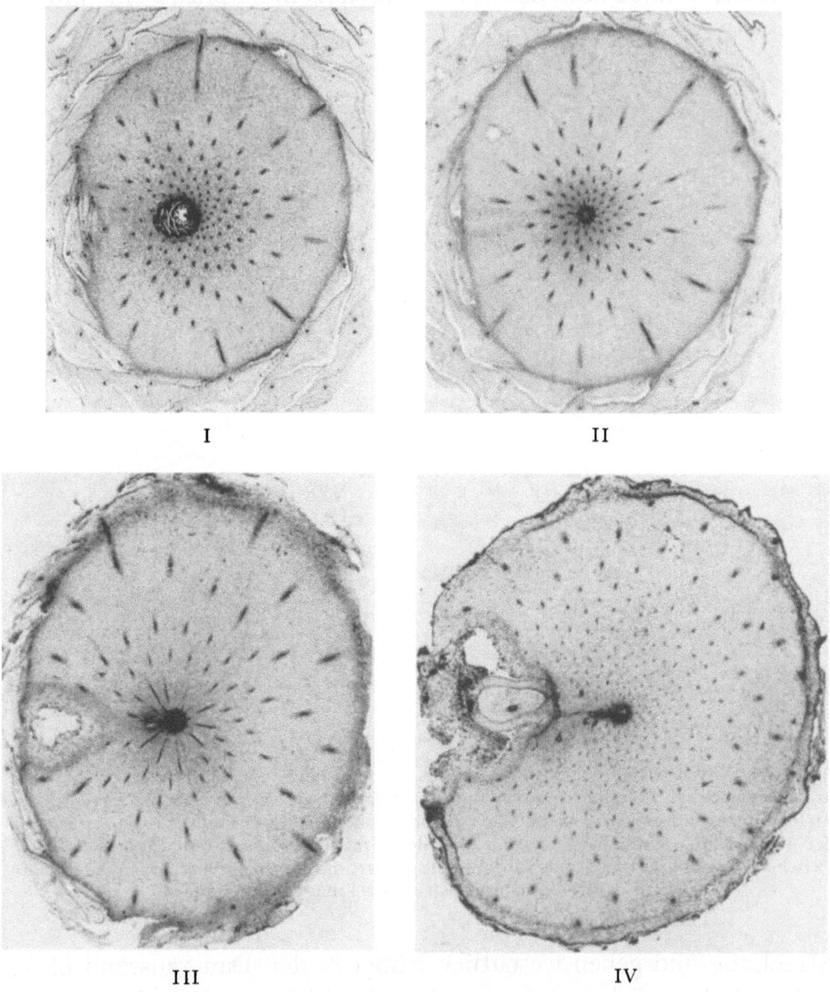

Abb. 35. *St. andicola.* Querschnittsserie durch eine etwa 15 cm lange und 1,5 cm dicke Achse. I Durch die Basis der Scheitelgrube; II wenig unterhalb des *VP*; III beginnende Wurzelfurchenbildung; IV etwa 2 cm unterhalb des Scheitels

dem die Aufgabe der Bildung der primären Rinde zufällt. Die von diesem abgegebenen Zellen strecken sich von vornherein in radialer Richtung. Da in ihnen vorwiegend Periklinalteilungen auftreten,

---

[1] Vgl. hierzu aber die Anmerkung 1 auf S. 24.

entstehen Reihen von Zellen, die mit steigender Entfernung vom Scheitelpunkt an Länge gewinnen und so maßgeblichen Anteil an der Verdickung der Achse haben. Diese weist denn auch, solange das Längenwachstum noch sistiert, ihre größte Dicke nicht unter-, sondern oberhalb des Scheitels auf (Abb. 15, II; Abb. 34). Es handelt sich also um ein rein primäres Dickenwachstum, und zwar gemäß der von TROLL und RAUH (1950, S. 12) gegebenen Übersicht, um dessen kortikale Form. Die von dem „Flankenmeristem" erzeugten Rindenzellen, die sich unter weiteren Periklinalteilungen bald in radialer Richtung strecken, nehmen, wohl unter dem Einfluß gehemmten Längenwachstums, einen zunächst steil aufgerichteten, bogenförmig-antiklinalen Verlauf. Dadurch werden die Blattprimordien weit über den Scheitel emporgehoben, der damit in eine Grube verlagert wird. Diese ist um so tiefer, je größere Be

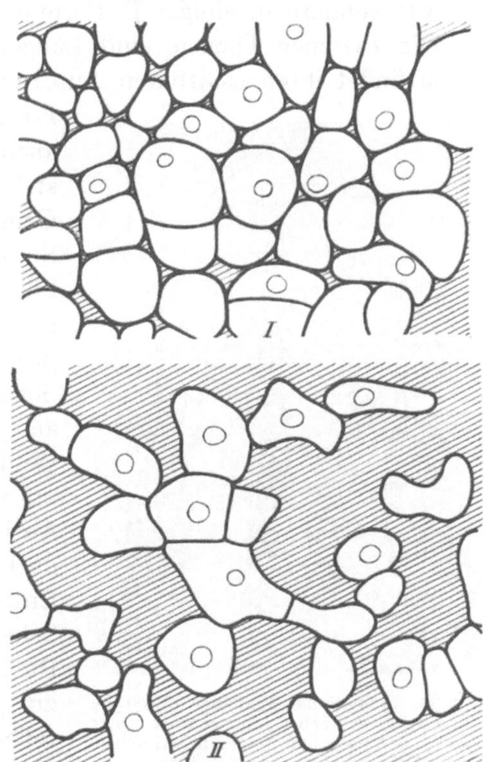

Abb. 36. *St. gemmifera.* Ausschnitt aus der primären Rinde. I In Scheitelnähe; II etwa 1 cm unterhalb des VP

träge das primäre Dickenwachstum aufweist, d. h. sie erreicht ihre größten Ausmaße an Pflanzen, deren Erstarkungswachstum noch nicht abgeschlossen ist (s. Abb. 15, II). Mit fortschreitender Längenentwicklung der Achse tritt nun eine Verflachung der Scheitelgruben ein, und alte Exemplare mit stark verlängerten Achsen lassen eine solche nahezu vollständig vermissen (Abb. 37). In diesem Fall hat die Achse ihren größten Durchmesser auch nicht oberhalb, sondern wenig unterhalb des Scheitels (Abb. 35).

Verstärkt wird das auf Zellvermehrung beruhende primäre Dickenwachstum durch ein nicht unbeträchtliches Dehnungswachs tum der Rindenzellen, verbunden mit der Bildung großer Interzellularräume (Abb. 36, II), wie sie vor allem für die peripheren Rindenabschnitte charakteristisch sind. Die Rindenzellen runden sich dabei ab, und ihre reihige Anordnung geht weitgehend verloren. Diese Vorgänge vollziehen sich jedoch nicht in unmittelbarer Nähe des VP, sondern in einiger Entfernung davon.

Die zwischen Dicken- und Längenwachstum bestehende Relation findet ihren sichtbaren Ausdruck nicht nur in der äußeren Form der Scheitelgrube, sondern auch im Verlauf der Blattspurstränge bzw. deren Anlagen. Gemäß den Ausführungen auf S. 16 werden die Blattinitialbündel bereits zu einer Zeit sichtbar, zu der die Achsenstele noch prokambialen Charakter trägt. Sobald sie aus den Primordien austreten, biegen sie im rechten Winkel in das Rindengewebe um und folgen dem Verlauf der Antiklinalen, d. h. sie ziehen je nach Tiefe der Scheitelgrube und Entfernung der Primordien vom Scheitelpunkt $\pm$ steil abwärts in Richtung auf den Zentralzylinder zu. In scheitelferneren Achsenteilen hingegen nehmen die Bündel in den zentralen Rindenpartien einen nahezu horizontalen Verlauf, um sich gegen die Peripherie hin leicht abwärts zu krümmen (Abb. 3). Pflanzen mit dünnen, aber stark verlängerten Achsen, die nur eine schwach ausgeprägte Scheitelgrube besitzen, zeigen auf Längsschnitten nun einen recht merkwürdigen Verlauf der Blattspurbündel, indem diese nach ihrem Austritt aus der Achsenstele sich scharf basalwärts umbiegen und nahezu parallel zu jener lange Strecken des Rindenparenchyms durchziehen, um sich erst weit unterhalb des Scheitels ebenso scharf nach oben zu wenden und in die, zu dieser Zeit allerdings schon abgestorbenen, Blätter einzutreten (Abb. 37). Dieser vom normalen Verhalten stark abweichende Bündelverlauf kann wohl so erklärt werden, daß infolge

Abb. 37. *St. andicola.* Medianer, durch die Wurzelzeile geführter Längsschnitt einer etwa 15 cm langen und 0,5 cm dicken Achse. *W* Wurzeln bzw. deren Anlagen; *Wst* Wurzelstele; *St* Stammstele

gesteigerten Längenwachstums die zentralen Gewebe, insbesondere die vorwiegend aus Tracheïden bestehende Achsenstele in der Entwicklung vorauseilt und die peripheren Rindenpartien diesem aber nicht in entsprechendem Maße folgen können. Die daraus zwischen beiden Geweben resultierenden Spannungen werden nun dadurch ausgeglichen, daß das lockere, von Interzellularen durchsetzte Rindengewebe nach abwärts gedehnt wird, ein Vorgang, der durch den Verlauf der Rindenantiklinalen und der Blattspurbündel zum Ausdruck gebracht wird.

Den vorstehend geschilderten primären parenchymalen Verdickungsvorgängen ist — wenn wir von der Arbeit von LANG (1915) absehen — bei *Isoëtes* bisher kaum Beachtung geschenkt worden; ebenso stehen Untersuchungen über deren Erstarkungswachstum noch völlig aus.

b) Kambiale (sekundäre) Verdickungsprozesse

sind bei *Stylites* nur insofern von Bedeutung, als sie zu einer gewissen „Maskierung" des primären Dickenwachstums beitragen; an der Gesamtverdickung der Sproßachse, vor allem junger Pflanzen, haben sie indessen nur einen geringen Anteil, wie die in Abb. 34 wiedergegebene Querschnittserie durch die Achse einer etwa 1 cm langen Pflanze von *St. gemmifera* zeigt. Nur an älteren Exemplaren, deren Erstarkungswachstum weitgehend zum Abschluß gelangt ist, erreichen die vom Kambium produzierten Gewebe eine größere Mächtigkeit, so daß die Achsen nicht oberhalb des Scheitels, sondern unterhalb desselben im Bereich des tätigen Kambiums ihren größten Durchmesser aufweisen (Abb. 35). Wie im speziellen Teil eingehend begründet, lassen sich bei *Stylites* zwei tätige Meristemzonen nachweisen, die sich nicht nur nach dem Ort und dem Zeitpunkt ihrer Entstehung, sondern auch nach dem Grad ihrer Aktivität unterscheiden. Das erstere, als *primäres Meristem* bezeichnet, ist seiner Histogenese nach dem primären Meristemring der höheren Pflanzen gleichzusetzen, insofern als dieser als ein durch die vorauseilende Rinden- und Xylemdifferenzierung auf eine zirkuläre Zone eingeschränkter Rest des Scheitelmeristems aufgefaßt werden kann. Während er sich aber bei den Dikotylen später zum sekundär tätigen Kambium umwandelt, ist dieses bei *Stylites* eine Neubildung und nimmt seine Tätigkeit erst in größerer Entfernung vom Scheitel auf.

Das primäre Meristem hingegen wird schon in Scheitelnähe sichtbar und leitet sich von zentralen, unmittelbar an den prokambialen Xylemzylinder angrenzenden Rindenzellen her. Es erzeugt, je nach dem Alter der Pflanze, eine ± breite Zone meristematischer Zellen. Deren äußere Reihen bilden sich zu primärem Phloem um, ein Vorgang, der an der auffallenden Verdickung der Zellmembranen und der Degeneration der Kerne sichtbar wird, während die inneren in ihrer Gesamtheit zur parenchymatischen Xylemscheide werden, welche das Phloem vom primären Xylem trennt (Farbtafel, I—IV). Beide Leitelemente differenzieren sich in der Regel gleichzeitig aus; nicht selten aber treten die Kurztracheïden des Xylems etwas früher in Erscheinung. Die Parenchymzellen der Xylemscheide können sekundär zu Kurztracheïden werden, wobei deren Lignifizierung in zentrifugaler Richtung fortschreitet. Dadurch wird die Parenchymscheide selbst bis auf wenige Zellreihen eingeengt, zuweilen sogar völlig in die Xylembildung einbezogen. Die aus der Verholzung der Scheidenzellen hervorgehenden Tracheïden betrachten wir in ihrer Gesamtheit als sekundäres Xylem, dessen Mächtigkeit im Vergleich zum primären jedoch außerordentlich gering ist. Mit der Ausbildung von primärem Phloem und Xylemparenchym (bzw. sekundärem Xylem) erlischt die Tätigkeit des primären Meristems, und die weitere sekundäre Verdickung fällt nunmehr einem Kambium zu, dessen Bildung sich in primären, unmittelbar an das Phloem grenzenden halbmeristematischen Rindenzellen vollzieht; es ist dipleurisch tätig und erzeugt nach innen weiteres Phloem (sekundäres Phloem), nach außen hingegen Parenchym und zwar sekundäre Rinde[1]. Primäres und sekundäres Phloem grenzen sich nicht scharf gegeneinander ab (Farbtafel, II) und sind der Prismenschicht (prismatic layer) von *Isoëtes* homolog. Da die Zellen der sekundären Rinde noch längere Zeit ihren halbmeristematischen Charakter beibehalten, sind sie noch zu weiteren Teilungen befähigt; das hat zur Folge, daß das vom Kambium nach außen produzierte Gewebe von größerer

---

[1] Zu einem dem unsrigen vergleichbaren Ergebnis kommen auch Scott u. Hill (1900) bei ihren an *Isoëtes hystrix* durchgeführten Untersuchungen, wenn sie sagen: "Where the cambium is at first a normal one, with phloem on its outer side, its activity is of short duration, and is immediately replaced by a new generative layer, arising further to the exterior. Usually the cambium, from its first origin, onwards, is anomalous, in so far as it produces phloem towards the interior exclusively" (S. 424). Nach Scott u. Hill sollen bei *I. hystrix* zuweilen noch weitere Kambien auftreten können.

Mächtigkeit ist als das Phloem. Allein die Tätigkeit des sekundären Kambiums erweist sich als anomal, während die des primären Meristems in keiner Weise von einem normalen abweicht.

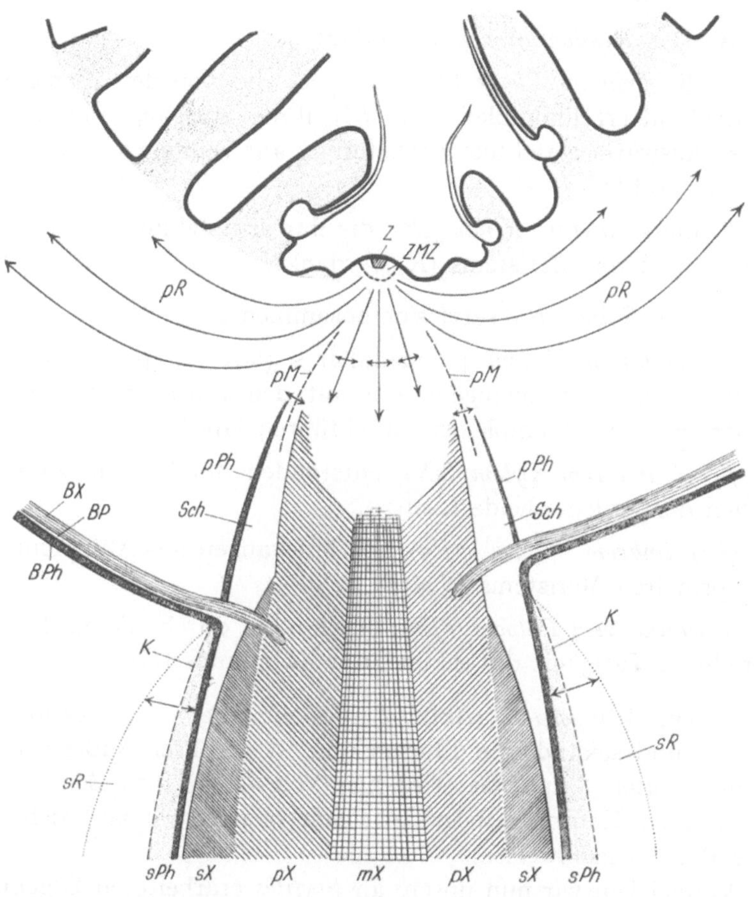

Abb. 38. Schema des Aufbaues und der Verdickung der Achse von *Stylites*. *Z* Zentralzellen; *ZMZ* Zentralmutterzellkomplex (durch eine gestrichelte Linie abgegrenzt); *pR* primäre Rinde (der Verlauf ihrer Antiklinalreihen ist durch Pfeile angedeutet); *mX* medulläres, *pX* peripheres, *sX* sekundäres Xylem; *pPh* primäres, *sPh* sekundäres Phloem; *Sch* Xylemscheide; *pM* primäres Meristem; *K* sekundäres Kambium; *sR* sekundäre Rinde (gegen die primäre durch eine punktierte Linie abgegrenzt); *BX* Bündelxylem; *BP* Bündelparenchym; *BPh* Bündelphloem; (die Wurzelstele ist in dem Schema nicht gezeichnet)

Insgesamt also besitzt der Achsenkörper von *Stylites* einen recht komplizierten Aufbau und setzt sich aus Geweben verschiedener histogenetischer Herkunft zusammen (Abb. 38): Im wesentlichen sind zwei Hauptbestandteile zu unterscheiden, das periphere, der

Stoffspeicherung dienende *Rindenparenchym* und das zentrale *Leitgewebe*, das selbst wieder aus zwei getrennten Anteilen besteht, aus der die Blätter innervierenden *Stamm-* und der mit den Wurzeln in Verbindung stehenden *Wurzelstele*.

A. Das *Rindenparenchym* umfaßt

α) die *primäre Rinde* (Abb. 38, *pR*), die von den Flanken des Zentralmutterzellkomplexes (*ZMZ*) ihren Ausgang nimmt, und deren auswärts gerichtete Erweiterung auf Teilungen von Rindenzellen beruht;

β) die *sekundäre Rinde* (*sR*), die ihre Entstehung der Tätigkeit des sekundären Meristems (*K*) verdankt.

B. Die *Stammstele* setzt sich zusammen aus

α) *primärem Xylem* [= medulläres (*mX*) u. peripheres (*pX*) Xylem], das sich histogenetisch auf den zentralen Bereich des Zentralmutterzellkomplexes zurückführen läßt;

β) *sekundärem Xylem* (*sX*), entstanden durch Verholzung von Zellen der Xylemscheide (*Sch*);

γ) *primärem Phloem* (*pPh*), hervorgegangen aus Abkömmlingen des primären Meristems (*pM*);

δ) *sekundärem Phloem* (*sPh*), entstanden durch die nach innen gerichtete Tätigkeit des sekundären Kambiums (*K*).

C. Die *Wurzelstele* (Abb. 32) besteht allein aus sekundärem Xylem und sekundärem Phloem und ist an ihrer Außenseite zunächst „offen", d. h. sie wird hier von dem lange Zeit tätigen sekundären Kambium begrenzt. Erst relativ spät läßt sich auch hier Phloem nachweisen.

Vergleichen wir nun unsere an *Stylites* erarbeiteten Ergebnisse mit den an verschiedenen *Isoëtes*-Arten gewonnenen, so stellen wir fest, daß — von den im Bauplan von *Stylites* verankerten Unterschieden abgesehen — auch in anatomischer Hinsicht doch recht enge Beziehungen zwischen beiden Gattungen gegeben sind. Wenn im Augenblick auch noch Widersprüche zwischen unseren Befunden und den in der *Isoëtes*-Literatur vorliegenden bestehen, so finden diese unseres Erachtens ihre Erklärung wohl darin, daß bei *Isoëtes* infolge des gehemmten Längenwachstums die Differenzierungsvorgänge so schnell ablaufen, daß sie bisher nicht in allen Phasen erfaßt worden sind. Es scheint deshalb eine nochmalige Nachuntersuchung der Verhältnisse bei *Isoëtes* geboten unter besonderer Betonung des entwicklungsgeschichtlichen Momentes[1].

c) Zur Frage des Stamm-Phloems

Wenn über den Aufbau des Xylemzylinders bei *Isoëtes* im allgemeinen Klarheit herrscht und die Ansichten der einzelnen Forscher weitgehend übereinstimmen, so bestehen sowohl hinsichtlich des Vorhandenseins eines *primären* Stamm-Phloems als auch über die histologische Natur und die physiologische Funktion der „Prismenschicht" (bei *Stylites* von uns als sekundäres Phloem bezeichnet) noch erhebliche Meinungsverschiedenheiten. Es erscheint deshalb angebracht, einen kurzen Überblick der für *Isoëtes* geäußerten Ansichten zu geben

α) *zur Frage des primären Stamm-Phloems*[2] *bei Isoëtes.*

RUSSOW (1872), der Begründer der Phloemtheorie, erwähnt ein solches nicht. Die späteren Bearbeiter, HEGELMAIER, FARMER (1890), W. SMITH (1900), die jener skeptisch gegenüberstehen, schreiben gleichfalls nichts darüber. Erst bei SCOTT u. HILL (1900) finden wir einen Hinweis auf p.Ph.; STOKEY (1909), die zwar gleich allen anderen ein Blatt- und Wurzelbündelphloem anerkennt, leugnet überhaupt die Existenz eines stammeigenen Phloems[3]. Nach WEST u. TAKEDA (1915) wiederum ist *p.Ph.* vorhanden, dessen Lage von ihnen in der Nähe des primären Xylems, und zwar im Parenchymmantel oder zwischen demselben und den Prismenzellen, angenommen wird[4]. Auch LANG (1915) entscheidet sich für das Vorhandensein von p.Ph., das nach ihm dort zu suchen ist (s. Fig. 7, S. 44 bei LANG, 1915), wo es auch von uns für *Stylites* angegeben wird. Nach WEBER (1921) aber fehlt p.Ph. dem Stamm aller von ihm untersuchten *Isoëtes*-Arten.

Allen diesen Angaben ist zu entnehmen, daß bei *Isoëtes* trotz zahlreicher Untersuchungen über das p.Ph. noch immer sich widersprechende Ansichten bestehen.

β) *Zur Frage des sekundären Phloems*[5] *bei Isoëtes.*

Allein schon über den Begriff des sek.Ph. herrscht bei *Isoëtes* keine völlige Klarheit. Im allgemeinen wird hierunter die „Prismenschicht" verstanden, d. h. jene aus prismatischen oder tafelförmigen und in radialen Reihen angeordneten, lückenlos aneinander

---

[1] Da derartige Untersuchungen, wie schon im 1. Teil angekündigt, im Augenblick am hiesigen Institut im Gange sind, ist bewußt auf eine ausführliche Diskussion der gesamten *Isoëtes*-Literatur verzichtet worden.

[2] Wird künftig abgekürzt mit p.Ph.

[3] "Neither in young nor in older plants is there a trace of phloem" (S. 320).

[4] Die von WEST u. TAKEDA auf Taf. 38, Fig. 64 gegebene Abbildung *(I. japonica)* stimmt weitgehend mit unseren an *Stylites* aufgezeigten Befunden überein.

[5] Wird künftig als sek.Ph. abgekürzt.

schließenden Zellen bestehende Gewebeschicht, welche vom Kambium nach innen gebildet wird und sich zwischen Rinde und Xylemzylinder einschiebt.

v. Mohl (1845) erkennt die Prismenschicht noch nicht als besonderes Gewebe an und rechnet sie als zum Kambium gehörig.

Hofmeister (1851) führt zwar eine Trennung zwischen jener und dem eigentlichen Kambium durch, weist aber darauf hin, daß in der Prismenschicht auch Tracheïden auftreten können.

Russow (1872) schreibt als erster den gesamten Prismenzellen Phloem-Natur zu und führt alle jene Merkmale an, die seither immer wieder als Beweis zitiert werden: „Wie die Xylem-Elemente der Blattleitbündel in den zentralen Xylemkörper, so setzen sich die Phloemelemente der Blattbündel in jene Schicht direkt fort. Die tafelförmigen oder kurz prismatischen Zellen haben deutlich verdickte und fein getüpfelte Wände und machen im Querschnitt ganz den Eindruck von Siebröhren oder Gitterzellen bei Koniferen; in ihrer Funktion stimmen sie gewiß mit den genannten Bastelementen überein; ihre von den Siebröhren abweichende Form wird erklärt durch die Wachstumsverhältnisse des ‚Organs‘, in welchem sie sich befinden.‘‘

Farmer (1890) bestätigt zwar die von Russow beobachtete Kontinuität der Prismazellen mit dem Phloem der Blattbündel, weist aber auf ihre abweichende Lage zum Kambium hin.

W. Smith (1900) zweifelt deren Phloemnatur an und macht gleich Hofmeister auf das Vorkommen von Tracheïden in der „prismatic layer‘‘, sowie auf das Fehlen typischer Siebröhren aufmerksam.

Scott u. Hill (1900) sind wiederum Anhänger der Russowschen Phloemtheorie und unterscheiden in der Prismenschicht 3 Zellarten: sekundäres Parenchym, sekundäres Holz und sekundäres Phloem, kenntlich an den kernlosen Zellen und den netzförmig verdickten Membranen.

Stokey (1909) leugnet auf Grund des auf S. 63 Gesagten selbstverständlich auch das Vorhandensein von sek.Ph. und betrachtet den gesamten Prismenzellenkomplex als *sekundäres Xylem*. Sie geht von der Annahme aus, daß das Kambium nach innen nur Parenchym erzeugt und dessen Zellen sich langsam durch Lignifizierung zu Tracheïden umbilden. Dabei sollen einige Zellen auf dem Anfangsstadium dieser Entwicklung verharren, so daß deren Membranen ein getüpfeltes Aussehen aufweisen. Sie stützt ihre Ansicht von der Natur der Prismenzellen darauf, daß sie angeblich durch entsprechende Färbungen den Xylemcharakter der auf einem Stadium der Lignifizierung stehengebliebenen Zellen nachweisen konnte, eine Angabe, die von Weber (1921) widerlegt wurde. Stokey konnte weiterhin in den Prismenzellen keine Kallose feststellen und bestreitet auch deren Anschluß an das Blattbündelphloem. Sie nimmt jedoch keine Stellung zur Frage des Transportes der Assimilate.

West u. Takeda (1915) bekennen sich wieder völlig zur Phloemtheorie und betrachten in Übereinstimmung mit Scott u. Hill das Phloem als aus drei Zellarten bestehend: aus Parenchym, sek.Ph., dessen Zellen durch die Anwesenheit von Siebplatten und das Fehlen von Stärke charakterisiert sein sollen, sowie sekundärem Xylem, das indessen bei *Isoëtes japonica* fehlt.

Zu einer ähnlichen Auffassung kommt auch Lang (1915), der das „secondary prismatic tissue‘‘ als zusammengesetzt aus „tracheïds, sieve tubes or parenchyma‘‘ annimmt.

Weber (1921) schließlich, der derzeitig letzte Bearbeiter von *Isoëtes*, versucht nun mit Hilfe cytochemischer Reaktionen die Natur der Prismenzellen zu klären und kommt zu dem Resultat, daß das Prismengewebe „zur Hauptsache aus Parenchymzellen besteht, bei denen man stärkehaltige und bis auf geringe Mengen anscheinend leere unterscheiden kann. Diese leeren Zellen füllen sich im Alter mit einem Schleim, der bei einer komplizierten Zusammensetzung außer anderen Substanzen Eiweiß enthält und so das im Stamme fehlende Phloem ersetzt. Keineswegs wird aber das Parenchym in Siebröhren oder auch nur Siebzellen umgewandelt, es bleibt ein der Stoffwanderung dienendes Parenchym"[1] (S. 237). Dieses Ergebnis scheint uns aber nur eine Definitionsfrage zu sein. WEBER anerkennt zwar, daß die Zellen des Prismengewebes im Dienste der organischen Stoffleitung stehen, vermeidet aber trotz Vorhandensein typischer Phloem-Merkmale das Wort „Phloem" selbst. Doch besteht wohl auf Grund der von diesem an *Isoëtes* gewonnenen Ergebnisse kein Grund, den Zellen der Prismenschicht funktionell den Charakter von Siebzellen abzusprechen.

Inwieweit können nun die an *Stylites* durchgeführten Untersuchungen zu einer Klärung der noch immer umstrittenen Frage des Vorhandenseins eines stammeigenen Phloems beitragen?

Wir haben in der speziellen Darstellung zwischen *primärem* und *sekundärem* Phloem unterschieden und zeigen können, daß das erstere seine Entstehung einem normal tätigen primären Meristem[2], das letztere einem anomal arbeitenden sekundären Kambium verdankt. Eine scharfe Grenze zwischen beiden ist nicht vorhanden; ihre Bildung läßt sich allein entwicklungsgeschichtlich verfolgen. Auch in anatomischer Hinsicht ist zwischen den Zellen beider kein Unterschied festzustellen, da im Gegensatz zu höheren Pflanzen das primäre (Proto-)Phloem nicht obliteriert; zuweilen aber zeigen dessen Zellen eine etwas unregelmäßigere Anordnung als die des sekundären. Hierauf weisen auch WEST u. TAKEDA bei *I. japonica* hin, wenn sie sagen: "The cells of the primary phloem are seldom arranged in regular rows" (S. 341).

Wenn wir im folgenden eine allgemeine Charakteristik der cytomorphologischen Eigenschaften der von uns als Phloem angesprochenen Zellen geben, so sprechen wir vom Phloem schlechthin und meinen damit die Gesamtheit des zwischen Holzzylinder und Rinde sich einschiebenden Gewebes.

I. Die Zellen des Phloems besitzen, worauf auch bei *Isoëtes* verschiedentlich schon hingewiesen wird, auffallend *dicke Zellulose-*

---

[1] Auch im Phloem der Koniferen, wo bekanntlich wie bei den Pteridophyten Geleitzellen fehlen, sind eiweißhaltige Zellen (Parenchym) nachgewiesen; WEBER übergeht übrigens vollständig ein wichtiges Merkmal der Prismenzellen, auf das wir bei *Stylites* verschiedentlich hingewiesen haben, nämlich auf die Degeneration und Auflösung der Kerne.

[2] Das primäre Phloem wäre vielleicht als *Proto-Phloem* im Sinne der von ESAU gegebenen Definition ("the protophloem shows mature elements before the plant organ completes elongation", 1953, S. 286) aufzufassen.

Membranen und zeigen bei der Beobachtung zwischen gekreuzten Polarisationsfiltern und Gipsplättchen Rot I eine starke positive Doppelbrechung, wodurch sie sich scharf vom umgebenden Gewebe abheben (s. Farbtafel, I—II, IV) und schon auf jungen Entwicklungsstadien eindeutig als solche zu identifizieren sind (s. auch RESCH 1958). Mit Membranfarbstoffen wie Fast Green und Haematoxylin färben sich die Zellwände viel intensiver an (siehe

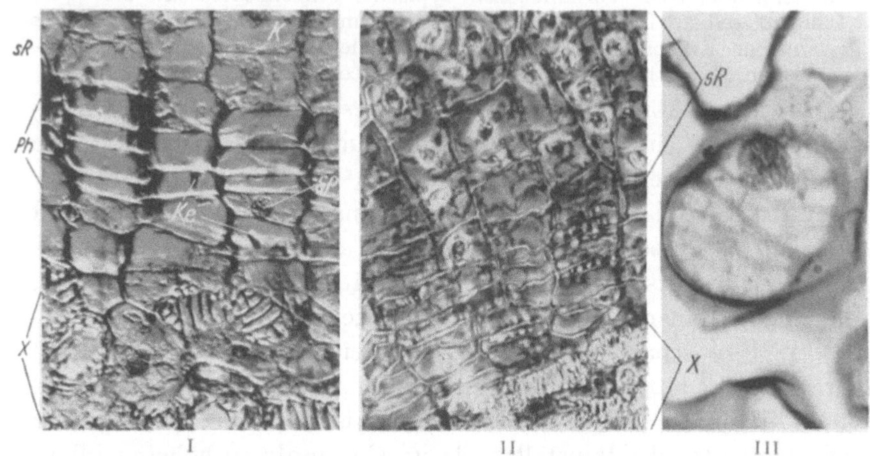

Abb. 39. *St. gemmifera.* I Querschnitt durch das Achsenphloem (*Ph*) mit dem Nachet-Interferenz-Kontrast-Mikroskop; II dasselbe im Phasenkontrast; *sR* sekundäre Rinde, *X* Xylem, *K* Kambium, *SP* Siebparenchymzelle, *Ke* in Auflösung begriffene Kerne der Siebzellen; III Zelle der primären Rinde mit getüpfelter Membran
(I—II 400-, III 1000fach vergr.)

Abb. 6; Abb. 8; Farbtafel III); besonders eindrucksvolle Bilder ergeben sich bei Verwendung des Interferenz-Kontrast-Mikroskops der Fa. Nachet[1] (Abb. 39, I). Alle diese Eigenschaften kommen nun nicht nur den Phloemzellen der Blatt- und Wurzelbündel von *Stylites*, sondern auch den Siebzellen und Siebröhren der höheren Pflanzen zu (s. insbesondere die Arbeiten von ESAU).

II. Mit der Umbildung zu Siebzellen, d. h. mit sichtbar werdender Wandverdickung geht eine *Degeneration* (Chromatolyse) *ihrer Kerne* Hand in Hand, die zunächst eine langgestreckte, spindelförmige, zuweilen eckige Form annehmen (Abb. 6, II) und sich dann häufig völlig auflösen. Hierin besteht wiederum Übereinstimmung mit den Siebzellen der Blatt- und Wurzelbündel von *Stylites* und auch mit den Siebröhren der höheren Pflanzen.

---

[1] Siehe Anmerkung 3 auf S. 20.

Wie bei den Gymnospermen finden sich bei *Stylites* zwischen den Siebzellen plasmareiche, mit normalen Kernen ausgestattete Parenchymzellen (Abb. 39, I, *SP*), die als *Siebparenchym* aufzufassen sind, und die sich in Form und Größe kaum von jenen unterscheiden. Nach STRASSBURGER (1891) werden diese bei den Gymnospermen als Eiweißzellen bezeichnet und führen während der Zeit der Wachstumsruhe Stärke. Für *Stylites* wäre diese Frage noch zu prüfen, ebenso ob die Parenchymzellen funktionell den Geleitzellen der höheren Pflanzen entsprechen.

III. Ein weiteres wichtiges Merkmal, welches als Beweis für die phloematische Natur der „Prismenzellen" herangezogen werden kann, ist der Bau ihrer Membranen. Wie erstmals von RUSSOW für *Isoëtes* festgestellt und nach ihm von mehreren Forschern abgebildet (SCOTT u. HILL, WEST u. TAKEDA, WEBER), lassen diese eine „Tüpfelung" erkennen[1]. Diese konnten wir auch in den Phloemzellen von *Stylites*, und zwar sowohl auf Längs- als auch Querschnitten, nachweisen. Betrachtet man diese im Phasenkontrast- oder im Polarisationsmikroskop bei starker Vergrößerung[2], so beobachtet man dunklere, balkenartige, häufig etwas netzig miteinander verbundene Streifen, die mit helleren, von jenen begrenzten Feldern abwechseln (Abb. 39, II). Wir erhalten, in verkleinertem Maßstab, die gleichen Bilder, wie sie ESAU für die Siebröhrenwände von *Vitis* (1948, S. 238, Fig. 4, *J*) abbildet. Demzufolge entsprechen die aus Abb. 39, Fig. II ersichtlichen dunkleren Streifen verdickten Membranabschnitten, während die helleren Felder Siebareale darstellen[3].

---

[1] Nach WEBER (1922, S. 228) kommt die Tüpfelung der Prismazellen bei allen von ihm untersuchten Arten, *I. lacustris*, *I. malinverniana*, *I. hystrix*, *I. gardneriana* u. *I. goebelii*, vor.

[2] Die Siebzellen von *Stylites* sind recht klein. Auf Querschnitten haben sie einen Längsdurchmesser von durchschnittlich 25 μ, auf Längsschnitten eine Länge von 25 μ (im Bereich der Streckungszone) bis rund 110 μ (nach völliger Ausdifferenzierung).

[3] WEBER mißt der Tüpfelung der Prismenzellen von *Isoëtes* keine Bedeutung bei und erkennt sie nicht als „typische Siebplatten" und nicht „als Beweis für die Phloemnatur der Prismenzellen" (S. 231) an. Er begründet seine Ansicht damit, daß er ähnliche Strukturen auch in den peripheren Zellen des Rindenparenchyms primärer Rinde gefunden habe, eine Angabe, die wir für *Stylites* bestätigen können (s. Abb. 39, III). Doch weicht deren Tüpfelmuster erheblich von dem der Phloemzellen ab, indem die Verdickungsleisten in Form eines feinen Netzwerkes in Erscheinung treten (Abb. 39, III). Die Tüpfelung von Parenchymzellen scheint indessen nichts Besonderes zu sein; FARMER u. FREEMANN (zit. bei STOKEY) erwähnen sie für das Rindenparenchym von *Helminthostachys zeylanica*; wir fanden sie

Besonders deutlich sind die letzteren an den Längswänden ungefärbter Siebzellen zu beobachten (Abb. 40, I). Infolge ihrer Kleinheit ist es jedoch oft schwer zu entscheiden, ob die Siebareale mit Poren versehen sind. Nur mit Hilfe der Resorcinblau-Kallosereaktion läßt sich eine Perforation feststellen (Abb. 40, II u. Farbtafel, VI).

Sprechen schon die unter I—III aufgeführten cyto-histologischen Befunde für die phloematische Natur der „Prismenzellen",

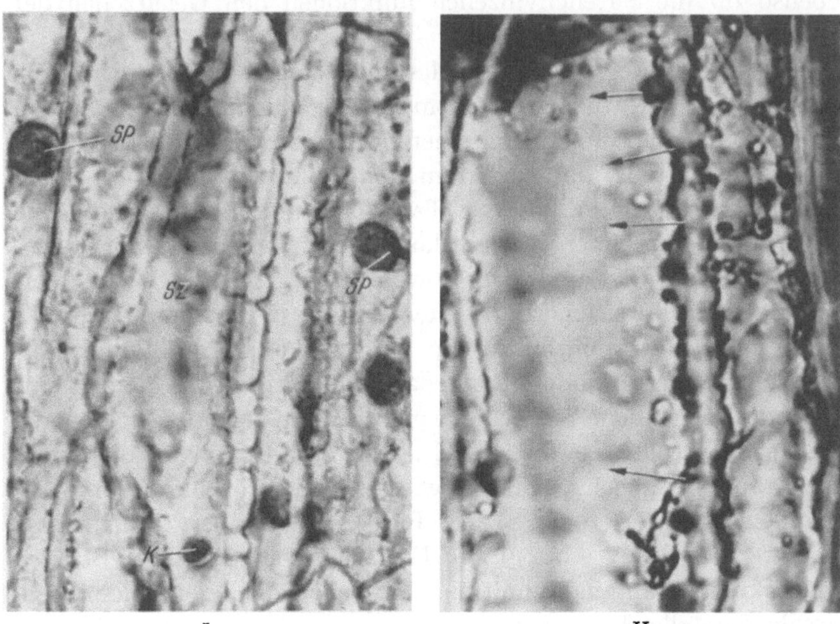

I   II

Abb. 40. *St. andicola.* I Siebzelle (*SZ*) im Längsschnitt mit getüpfelter Membran; *SP* Siebparenchym; II Siebzelle nach Behandlung mit Resorcinblau; die dunklen Punkte und Streifen beiderseits der Membran sind Kalloseablagerungen (*K*), die an den mit Pfeilen versehenen Stellen die Siebporen verstopft haben (I 1800-, II 3600fach vergr.)

so kann diese Ansicht durch die Anwendung mikrochemischer Reaktionen weiter unterbaut werden. Seit HANSTEIN (1864) wird die Kallose[1] als das „beste und allgemeinste Kennzeichen der Siebröhren überhaupt" bezeichnet[2]. So ist dann auch bereits für *Isoëtes* von

in Zellen des Blattmesophylls von *Helleborus*, *Ficus*, hochandinen *Valeriana*-Arten u. v. a.; ESAU (1953, Taf. 6, *A*) bildet sie für Parenchymzellen der Wurzeln von *Abies* ab. Auf der Tüpfelung der Prismenzellen baut STOKEY (1900) ihre bereits auf S. 64 diskutierte Xylemtheorie auf.

[1] Von diesem als „Kallus" bezeichnet.

[2] Siehe HUBÉR (1938); in den letzten Jahrzehnten ist Kallose auch außerhalb der Siebröhren in anderen Pflanzengeweben gefunden worden (s. die zusammenfassende Darstellung bei ESCHRICH 1956).

einigen Forschern (SCOTT u. HILL; WEST u. TAKEDA) mit Hilfe der Korallin-Soda-Färbung Kallose in den Prismenzellen festgestellt worden, während STOKEY (1909) angibt, mit den gebräuchlichen Kallosenachweisen keine positiven Resultate erhalten zu haben.

WEBER (1922) führt eine Reihe chemischer Reaktionen durch, um die physiologische Natur der Prismenzellen bei *Isoëtes* zu klären. Mit Korallin-Soda erhält er ein positives Resultat, indem „der in Prismenzellen vorhandene Schleim eine leuchtend rote Färbung annimmt. Dieser Schleim füllt die Prismenzellen in der Nachbarschaft des Parenchymmantels völlig aus ... Das Korallin-Soda färbt außer diesen von schleimigem Inhalt erfüllten Zellen auch die Wände der übrigen, anscheinend inhaltsleeren Zellen, aus denen das in seiner Gesamtheit als Prismenzellen bezeichnete Gewebe besteht, schön dunkelrot; diese Färbung tritt auch bei den Phloemzellen der Leitbündel des Blattes und der Wurzel auf, während die übrigen Gewebearten der Knolle, das Speicherparenchym, der parenchymatische Mantel usw. ungefärbt bleiben" (S. 233). Nach WEBER handelt es sich jedoch nicht um einen „reinen Kallusschleim, sondern um ein Gemisch verschiedener Schleimarten" (S. 235); so soll dieser auch Pektinstoffe enthalten, da die Reaktion mit Rutheniumrot positiv ausfällt, weiterhin enthält der Schleim nach WEBER Eiweiß, wobei „auffällig ist, daß das Eiweiß nur in Verbindung mit Schleim nachgewiesen werden konnte und außer an dieser Stelle nur im Phloem der Gefäßbündel auftritt" (S. 236). Auf Grund aller seiner Befunde kommt WEBER dennoch zu dem an sich unverständlichen Schluß, daß „nicht der geringste Anlaß besteht, die Prismenzellen als Phloemzellen aufzufassen ..., sondern sie nur als *eiweißhaltige Parenchymzellen* zu bezeichnen. Dieser Name kommt aber nur den älteren, bereits schleimerfüllten Prismenzellen zu, und diese unterscheiden sich denn doch in ihrer kastenartigen Form ganz wesentlich von dem röhrenförmigen echten Phloem in Blättern und Wurzeln" (S. 237).

Dieser letzte Einwand ist nun keineswegs stichhaltig, denn dann wären auch die Xylemzellen der Stamm- und Wurzelstele nicht als echte Tracheïden zu bezeichnen, da sie sich auf Grund ihrer gleichfalls nahezu backsteinartigen Form von denen der Blatt- und Wurzelbündel auffällig unterscheiden.

Unsere eigenen, an *Stylites* durchgeführten cytochemischen Reaktionen haben nun zu folgendem Ergebnis geführt:

Der bisher für *Isoëtes* allein mit Korallin-Soda durchgeführte Kallose-Nachweis führt bei *Stylites* zu unbefriedigenden Ergebnissen. Hingegen ergibt der Kallose-Nachweis mit Resorcinblau und Anilinblau[1] positive und ausgezeichnete Resultate, und zwar läßt sich Kallose ausschließlich im Phloem der Stamm- und Wurzelstele sowie im Phloem der Blatt- und Wurzelbündelstränge

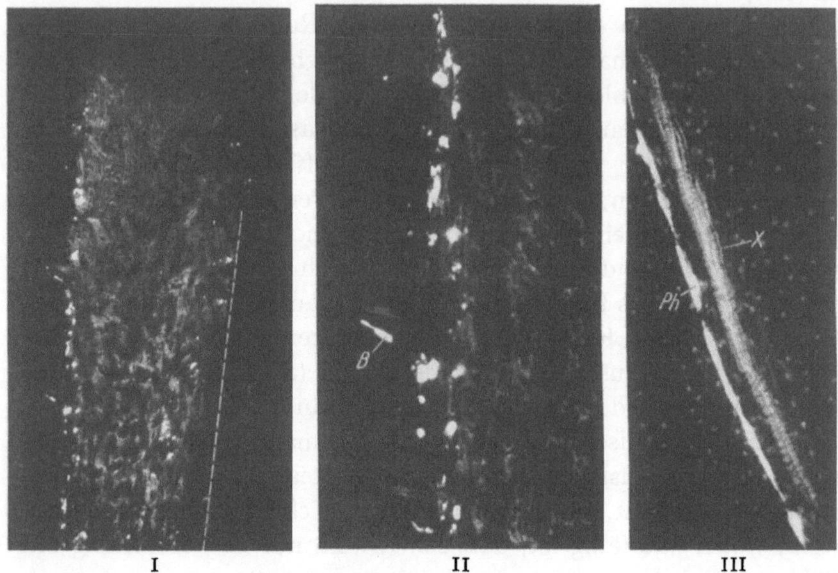

Abb. 41. *St. gemmifera*. Kallosenachweis mit Anilinblau und mit der Fluoreszenzlampe photographiert; die weiß aufleuchtenden Stellen sind mit Kallose angefüllte Phloemzellen. I Gesamter Zentralzylinder (die äußere Grenze der Wurzelstele ist durch eine gestrichelte Linie angegeben); II Ausschnitt aus der Achsenstele, bei *B* ist eine Blattspur getroffen; III Blattspurbündel im Längsschnitt; *Ph* Phloem, *X* das bläulich fluoreszierende Xylem

nachweisen (Abb. 41; Farbtafel, V—VI); diese Färbemethoden erbringen auch den eindeutigen Beweis dafür, daß einmal die bereits erwähnte Kontinuität zwischen dem Phloem der Blatt- und Wurzelbündel mit dem der Stamm- und Wurzelstele gewährleistet ist, zum anderen, daß die letztere (auf medianen Längsschnitten) an ihrer Außenseite lange Zeit „offen" ist und nur vom Kambium begrenzt wird (Abb. 41, I).

Die Kallose-Ablagerung erfolgt bereits in jüngeren Phloemabschnitten in Form kleiner Klümpchen und dünner Wandbeläge

---

[1] Die Anilinblaufärbung wurde nach der von Currier u. Strugger (S. 553, 1956) angegebenen Methode durchgeführt und im Leitz-Ortholux-Fluoreszenz-Mikroskop betrachtet. Die Kallose zeigt dabei eine Gelb-, die Xylemzellen hingegen eine leichte Blau-Fluoreszenz.

(Abb. 41, I—II)[1], und zwar zunächst nur in den Zellen des primären Phloems (Farbtafel, VI). In rückwärtigen Achsenpartien läßt sich Kallose auch in den Zellen des sekundären Phloems (Abb. 40, I) nachweisen, und in nicht mehr funktionsfähigen Siebzellen ist das gesamte Lumen damit ausgefüllt (Farbtafel, V), während die Siebparenchymzellen frei davon bleiben.

Mit all den vorstehend aufgeführten Befunden glauben wir nun den Beweis erbracht zu haben, daß die „Prismenzellen" bei *Stylites* und demzufolge wohl auch bei *Isoëtes* in ihrer Gesamtheit funktionell als Phloem zu betrachten sind, wenngleich ihre äußere Form auch erheblich von den Siebzellen anderer Pteridophyten abweicht. Es liegen keine zwingenden Gründe vor, dem Stamm von *Stylites* ein eigenes Phloem abzusprechen, zumal ein solches den Blatt- und Wurzelbündeln von *Isoëtes* ganz allgemein zuerkannt wird.

Das Achsenphloem von *Stylites* setzt sich demnach zusammen: aus kernlosen, sich später mit Kallose anfüllenden Siebzellen und inhaltreichem Sïebparenchym. *Tracheïden innerhalb der Prismenschicht*, wie sie für einige *Isoëtes*-Arten (*I. lacustris*, *I. durieui*, *I. hystrix*, *I. echinospora*, *I. engelmanni*, *I. nutallii* und *I. melanopoda*) angegeben werden, fehlen bei *Stylites* völlig[2]. Diese bei *Isoëtes* als „sekundäres Xylem" bezeichneten Tracheïden treten hier in kleinen, voneinander isolierten Gruppen oder in $\pm$ zusammenhängenden, durch die Blattspuren unterbrochenen, konzentrischen Ringen auf, wobei jeweils ein Tracheïdenring mit einem solchen von Prismenzellen abwechselt. Über die Entstehung dieser Tracheïden selbst liegen keine exakten Beobachtungen vor, so daß es einer Nachuntersuchung vorbehalten bleiben muß, die Frage zu klären, ob diese durch nachträgliche Lignifizierung normaler Prismen- (vielleicht Siebparenchym-)zellen entstehen oder vom Kambium von vornherein als Holzzellen abgegeben werden. Bei allen jenen Arten, bei denen die „sekundären" Tracheïden in Form konzentrischer Ringe auftreten, liegt die Vermutung nahe, daß die sekundäre kambiale Achsenverdickung sich nach Art von *Beta* vollziehen und auf wiederholter Neubildung des Verdickungsringes beruhen könnte, der dann jeweils nur beschränkte Zeit tätig wäre. Es ist weiterhin denkbar, daß sich hinsichtlich der Stammanatomie die einzelnen

---

[1] Es lassen sich keine Aussagen darüber machen, ob die Kallose bei einer erneuten Beanspruchung der Siebzellen wieder gelöst wird.

[2] Hierin besteht nach den Untersuchungen von WEST u. TAKEDA (1915) Übereinstimmung mit *I. japonica*.

Isoëtes-Arten verschieden verhalten und in anatomischer Hinsicht zu ähnlichen Entwicklungsgruppen zusammengefaßt werden könnten, wie dies von systematisch-ökologischer Seite her bereits getan worden ist. Bevor hierüber ein abschließendes Urteil gefällt werden kann, sind weitere Untersuchungen auf breiter Basis erforderlich.

6. Typologischer Vergleich: *Isoëtes* — *Stylites*

Nachdem wir im 1. Teil unserer Untersuchung eine eingehende Analyse der Wuchsform und im vorstehenden eine solche des Aufbaues und der Bildung des Achsenkörpers von *Stylites* gegeben haben, bleibt abschließend der Versuch übrig, die recht verschieden erscheinenden Wuchsformen beider Gattungen auf einen gemeinsamen Grundbauplan zu bringen, der sowohl den morphologischen wie auch anatomischen Gegebenheiten gerecht wird.

Der hervortretendste Unterschied zwischen der stammbildenden *Stylites* und der knolligen *Isoëtes* ist in morphologischem Sinn rein quantitativer Art und läßt sich auf eine verschiedenartige Auswirkung der Relation Dicken-Längenwachstum zurückführen. Es wurde gezeigt, daß bei *Stylites* das Längenwachstum auf Kosten der Verdickung gefördert ist, während bei *Isoëtes* die umgekehrten Verhältnisse vorliegen.

Größere Schwierigkeiten bereitet es indessen, die Wuchsformen der Vertreter beider Gattungen unter Berücksichtigung der Radikation und des davon in Abhängigkeit stehenden Baues der Stele untereinander in Beziehung zu setzen. Bei *Isoëtes* stehen die Wurzeln zwischen den in Zwei- oder Dreizahl vorhandenen Achsenprotuberanzen, während sie bei *Stylites* einer sich über die gesamte Länge der Achse erstreckenden Furche entspringen. Mit der verschiedenartigen Radikation steht auch die Ausbildung des zentralen Gefäßbündels in Zusammenhang. Sowohl bei *Isoëtes* als auch bei *Stylites* weist dieses eine Gliederung in einen die Wurzeln und einen die Blätter innervierenden Abschnitt auf, die im speziellen Teil als Stamm- und Wurzelstele bezeichnet worden sind.

In seiner vollständigsten Form bietet sich das Gefäßbündel von *Isoëtes* auf medianen, *durch die Wurzelfurche* geführten Längsschnitten dar. Die Stammstele ist von zylindrischer Gestalt und durchzieht in vertikaler Richtung das Knollengewebe (Abb. 42, I bis II, *St*); ihr sitzen an der Basis, je nach der Anzahl der Protuberanzen, zwei bis drei horizontal gerichtete, an ihren Enden

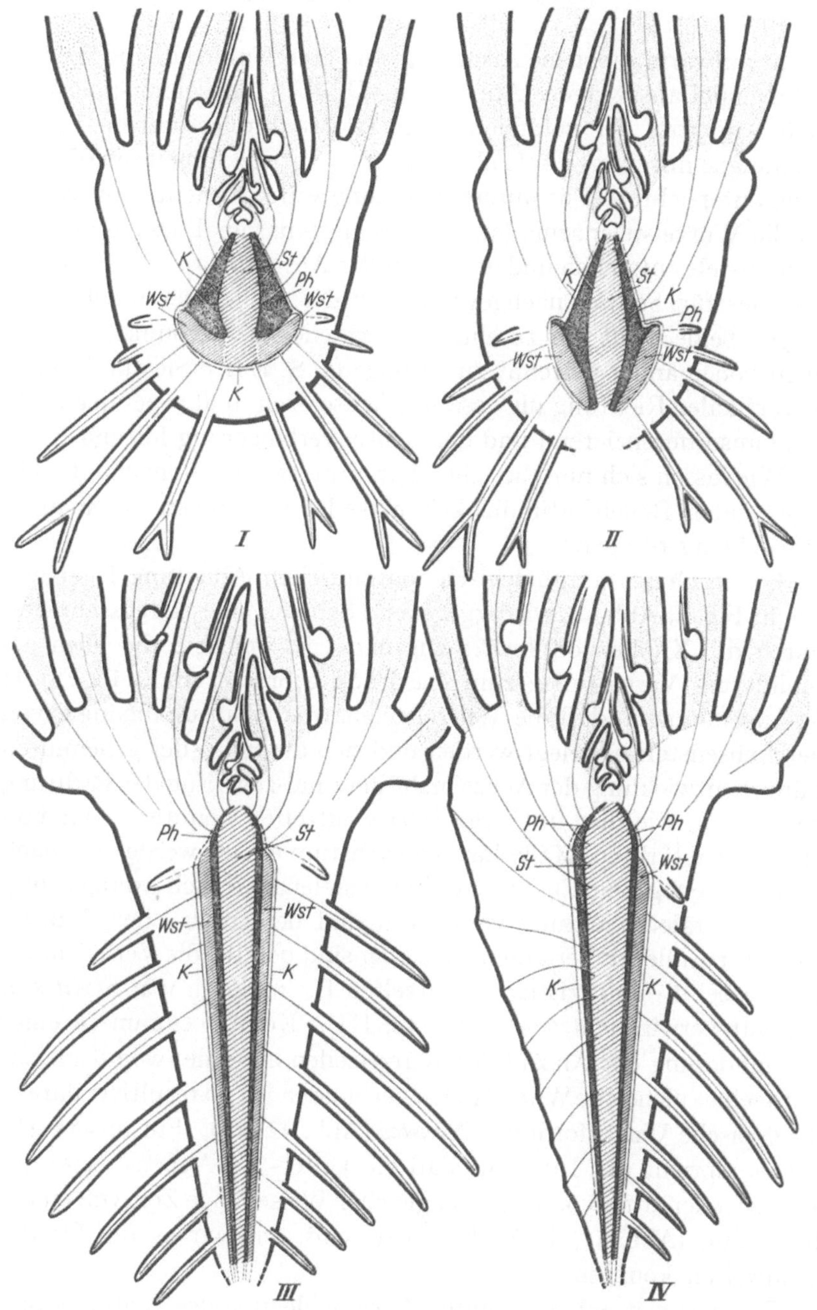

Abb. 42. Schema eines typologischen Vergleiches *Isoëtes — Stylites*. I Durch die Mediane der Furchen geführter Längsschnitt einer *Isoëtes*-Knolle; II hypothetische Zwischenform; III medianer Längsschnitt durch ein distich-, IV desgl. durch ein monostich bewurzeltes Exemplar von *Stylites*; *St* Stamm-, *Wst* Wurzelstele; Xylem (schraffiert), *Ph* Phloem (punktiert), *K* Kambium (nähere Erläuterungen im Text)

leicht aufwärts gebogene Arme an, von deren Unterseite die Wurzelspurbündel auszweigen (Abb. 42, I—II, *Wst*). Bezeichnenderweise sind wir trotz der zahlreichen an *Isoëtes* durchgeführten Untersuchungen nur mangelhaft über Bau und Entwicklung ihrer Wurzelstele unterrichtet. Für unsere Ableitung wäre es wichtig zu wissen, ob die Wurzelstelenarme (anfangs wenigstens) unabhängig von der Achsenstele entstehen und erst sekundär Anschluß an diese nehmen, wie dies für *Stylites* nachgewiesen wurde. Bei dieser nämlich gelangen beide nicht nur zu einem verschiedenen Zeitpunkt, sondern auch voneinander getrennt zur Anlage (s. S. 47 ff.). Sie durchziehen in vertikaler Richtung die gesamte Achse, sich in akropetaler Richtung ausdifferenzierend und der Achsenverlängerung folgend.

Wie lassen sich nun die scheinbar grundsätzlich voneinander abweichenden Baueigentümlichkeiten beider Gattungen miteinander in Einklang bringen?

Unserer rein morphologisch-anatomischen Ableitung legen wir das in Fig. I, Abb. 42 wiedergegebene Schema eines Längsschnittes durch die Knolle von *Isoëtes* zugrunde, in welchem die oben geschilderten Verhältnisse zum Ausdruck gebracht sind. In Fig. II ist angenommen, daß die Wurzelstelenarme (*Wst*) unabhängig von der Achsenstele angelegt werden und sich als Folge der gehemmten Längenentwicklung der Achse mehr in radial-zentrifugaler Richtung verlängern, wie dies u. U. für *Isoëtes* zutreffen könnte. Setzt nun aber in verstärktem Maße Längenwachstum ein, so werden die nach oben umgebogenen Enden der Wurzelstelenarme sich zwangsläufig in akropetaler Richtung verlängern und demzufolge der Stammstele $\pm$ parallel einherlaufen. Das aber sind bereits die Verhältnisse, wie sie bei di- und tristich bewurzelten Exemplaren von *Stylites* in der Tat verwirklicht sind (Abb. 42, III). Kommt es nun zu einer Verminderung der Anzahl der Wurzelzeilen auf eine, womit gleichzeitig eine solche der Wurzelstelen verbunden ist, so resultiert daraus die typische Wuchsform von *Stylites* (Abb. 42, IV). Für unsere Ableitung spricht die Tatsache, daß die Unter- ($=$ Außen-) seite der Wurzelstelenarme von *Isoëtes* in gleicher Weise lange Zeit von einem Kambium (Abb. 41, I, *K*) begrenzt wird, wie wir es für *Stylites* nachweisen konnten.

Somit lassen sich auch unter Zugrundelegung des anatomischen Baues die Wuchsformen von *Isoëtes* und *Stylites* als verschiedenartige Auswirkungen der Relation Längen-Dickenwachstum deuten, worauf wir schon eingangs hingewiesen haben.

Die vorstehend gegebene Ableitung ist — das sei abschließend nochmals betont — eine rein typologische, die nichts über die phylogenetischen Beziehungen beider Gattungen zueinander aussagt. Hierüber können wir auf Grund der anatomischen Befunde kein abschließendes Urteil fällen. Erst weitere Untersuchungen über die Stammbildung von *Isoëtes* könnten hier Klarheit schaffen.

Literatur

BRUCHMANN, H.: Über Anlage und Wachstum der Wurzeln von *Lycopodium* und *Isoëtes*. Jena. Z. Naturw. 8, N.F. 1, 522—578 (1874). — CURRIER, H. B., and S. STRUGGER: Aniline blue and fluorescence microscopy of callose in bulb scales of *Allium Cepa* L. Protoplasma 45, 552—559 (1956). — EAMES, A. J.: Morphology of vascular plants. Lower groups (*Psilophytales* to *Filicales*). New York u. London: McGraw-Hill Book Co. 1936. — ECKARDT, TH.: Kritische Untersuchungen über das primäre Dickenwachstum der Monokotylen, mit Ausblick auf dessen Verhältnis zur sekundären Verdickung. Bot. Archiv 42, 289—334 (1941). — ESAU, K.: Development and structure of the phloem tissue. I. Bot. Review 5, 373—432 (1939). — Phloem structure in the grapevine and its seasonal changes. Hilgardia 18, 217—296 (1948). — Development and structure of the phloem tissue. II. Bot. Review 16, 67—114 (1950). — Plant anatomy. New York: John Wiley & Sons, Inc. 1953. — ESCHRICH, W.: Kallose (ein kritischer Sammelbericht). Protoplasma 47, 487—530 (1956). — FARMER, J. B.: On *Isoëtes lacustris*. Ann. Botany 5, 37—62 (1890). — FOSTER, A. S.: Structure and growth of the shoot apex of *Cycas revoluta*. Amer. J. Bot. 26, 372—385 (1939). — Zonal structure and growth of the shoot apex of *Dioon edule*. Amer. J. Bot. 28, 557—564 (1941). — Zonal structure and growth of the shoot apex in *Microcycas calocoma*. Amer. J. Bot. 30, 56—73 (1943). — GIFFORD jr., E. M.: The shoot apex in angiosperms. Bot. Review 20, 477—529 (1954). — HEGELMAIER, F.: Zur Kenntnis einiger Lycopodinen. Bot. Z. 42, 481—487, 497—505, 513—523 (1874). — HELM, J.: Das Erstarkungswachstum der Palmen und einiger anderer Monokotylen, zugleich ein Beitrag zur Frage des Erstarkungswachstums der Monokotylen überhaupt. Planta (Berl.) 26, 319—364 (1937). — HOFMEISTER, H.: Beiträge zur Kenntnis der Gefäßkryptogamen. II. Abh. kgl. sächs. Akad. Wiss. (Math.-phys. Kl.) 5, 603—682 (1857). — HUBER, B.: Hundert Jahre Siebröhrenforschung. (Sammelreferat.) Protoplasma 29, 132—148 (1938). — HUBER, B., u. R. W. KOLBE: Elektronenmikroskopische Untersuchungen an Siebröhren. Svensk bot. T. 42, 364—371 (1948). — JOHANSEN, D. A.: Plant Microtechnique. New York: McGraw-Hill Book Comp. 1940. — LANG, W. H.: Studies in the morphology of *Isoëtes*. II. The analysis of the stele of the shoot of *Isoëtes lacustris* in the light of mature structure and apical development. Mem. Proc. Manchester Lit. Phil. Soc. 59, No. 8, 28—56 (1915). — MOHL, H. v.: Über den Bau des Stammes von *Isoëtes lacustris*. Linnaea 14, 181—193 (1840). — Über den Bau von *Isoëtes lacustris*. Vermischte Schriften 10, 122—128 (1845). — OGURA, Y.: Anatomie der Vegetationsorgane der Pteridophyten. Handbuch der Pflanzenanatomie, herausgeg. von K. LINSBAUER, Bd. VII, Teil 2: Archegoniaten B. Berlin 1938. — RAUH, W., u. F. RAPPERT: Über das Vorkommen und die Histogenese der Scheitelgruben bei krautigen Dikotylen, mit besonderer Berücksichtigung der Ganz- und

Halbrosettenpflanzen. Planta (Berl.) **43**, 325—360 (1954). — Rauh, W., u. H. Reznik: Histogenetische Untersuchungen an Blüten- und Infloreszenz-achsen. II. Die Histogenese der Achsen köpfchenförmiger Infloreszenzen. Beitr. Biol. Pflanzen **29**, 233—296 (1953). — Resch, A.: Beiträge zur Zytologie des Phloems. Entwicklungsgeschichte der Siebröhrenglieder und Geleitzellen von *Vicia Faba* L. Planta (Berl.) **44**, 74—98 (1954). — Weitere Untersuchungen über das Phloem von *Vicia Faba* L. Planta (Berl.) **52**, 121—143 (1958). — Russow, E.: Vergleichende Untersuchungen der Leitbündelkryptogamen. Mém. Acad. Imp. Sci. St. Pétersbourg, Sér. VII **19**, 1—207 (1872). — Scott D. H., and T. G. Hill: The structure of *Isoëtes hystrix*. Ann. Botany **14**, 497—525 (1900). — Senghas, K.: Histogenetische Untersuchungen an Sproßvegetationspunkten dikotyler Pflanzen. I. Bau und Histogenese des Sproß-Scheitelmeristems einiger Cruciferen. Beitr. Biol. Pflanzen **33**, 85—113 (1957). — Smith, R. W.: The structure and development of the sporophylla and sporangia of *Isoëtes*. Bot. Gaz. **29**, 225—258, 323—346 (1900). — Stokey, A. G.: The anatomy of *Isoëtes*. Bot. Gaz. **47**, 311—335 (1909). — Strassburger, E.: Über den Bau und die Verrichtungen der Leitungsbahnen in den Pflanzen. Histologische Beiträge, Bd. 3. Jena 1891. — Troll, W.: Vergleichende Morphologie der höheren Pflanzen, Bd. I, Teil 1. Berlin 1937. — Allgemeine Botanik. Stuttgart 1948. — Troll, W., u. W. Rauh: Das Erstarkungswachstum krautiger Dikotylen, mit besonderer Berücksichtigung der primären Verdickungs-vorgänge. S.-B. Heidelberg. Akad. Wiss. 1—86 (1950). — Weber, U.: Zur Anatomie und Systematik der Gattung *Isoëtes* L. Hedwigia **63**, 219—262 (1922). — West, C., and H. Takeda: On *Isoëtes japonica*. Trans. Linn. Soc. London, Sér. II, Bot. **8**, 333—376 (1915).